# ARITHMÉTIQUE

## COURS ÉLÉMENTAIRE

# ARITHMÉTIQUE

## COURS ÉLÉMENTAIRE

PAR

## STELLA

TOURS | PARIS

**MAISON ALFRED MAME & FILS** | **LIBRAIRIE CH. POUSSIELGUE**

Imprimeurs-Libraires | Rue Cassette, 15

1903

# ARITHMÉTIQUE

## COURS ÉLÉMENTAIRE

## CHAPITRE I

### DE LA NUMÉRATION

**1. Unité** et **nombre.** — Quand une petite fille a dit : J'ai cinq sous dans mon porte-monnaie, elle indique la valeur de cette petite somme en faisant connaître qu'elle est égale à *cinq* fois la valeur d'un *sou*. Le *sou* est, en ce cas, l'*unité*, et *cinq* est le nombre de ces unités.

De même pour connaître la longueur d'un ruban, on cherche combien de fois elle contient une certaine longueur appelée *mètre*, connue de tout le monde. Si l'on trouve que le mètre y est contenu *trois* fois, on dit que la longueur du ruban a *trois mètres*. Ici l'unité est le mètre, et trois est le *nombre* de ces unités formant la longueur du ruban.

Pour mesurer la quantité de lait qui pourra remplir une cruche, on remplit de lait un vase d'une certaine forme et toujours de même grandeur nommé *litre*, et on vide ce litre de lait dans la cruche. On répète la même opération jusqu'à ce que la cruche soit pleine. Si pour la remplir on a dû verser *six* fois le contenu du litre, on dit que la cruche contient *six litres* de lait. Ici c'est le *litre* qui est l'*unité* et *six* est le nombre de ces unités qui remplissent la cruche.

Enfin si une table de la classe est occupée par *huit élèves*, c'est l'*élève* qui est l'*unité* et *huit* est le nombre qui indique combien il y a d'élèves à cette table.

**Définition.** — D'après ces explications on voit qu'on appelle *unité* une chose connue, adoptée pour évaluer la grandeur d'une quantité de même nature.

On appelle *nombre* l'expression par laquelle on fait connaître combien il y a d'unités dans la quantité mesurée.

**2. Numération.** — On appelle *numération* l'ensemble des règles d'après lesquelles on forme les noms de tous les nombres et on les écrit à l'aide de quelques caractères appelés *chiffres*.

Quand il ne s'agit que de former les noms des nombres, la numération s'appelle *numération parlée*; quand il s'agit d'apprendre à les écrire avec des chiffres, c'est la *numération écrite*.


### Numération parlée.


**3.** — Le plus petit nombre est celui qui ne contient qu'une seule unité; il se désigne par le nom *un*. On formera le suivant en ajoutant *un* à *un*, puis *un* au précédent et ainsi de suite; mais pour plus de facilité comptons à l'aide des doigts.

Le pouce étant *un*, on joint au pouce le doigt suivant, ce qui fait le nombre *deux*; en joignant à ces deux doigts le doigt suivant, on a le nombre *trois*; en ajoutant *un* à trois on a le nombre *quatre*; en ajoutant un à *quatre*, on a le nombre *cinq*; en ajoutant à cinq le pouce de l'autre main on a le nombre *six*, puis *sept*, puis *huit*, puis *neuf*, puis *dix*.

Ces *dix* unités sont considérées comme une nouvelle

unité plus grande, nommée *dizaine*, qui sert à évaluer des quantités un peu plus grandes :

*Une dizaine* d'épingles, *deux dizaines* de noix, *trois dizaines* de prunes, et, en continuant, *quatre dizaines, cinq dizaines, six dizaines, sept dizaines, huit dizaines, neuf dizaines.*

Cette nouvelle unité est appelée unité du *deuxième ordre*, et, par suite, celles qui ont été formées en commençant sont les *unités simples* ou unités du *premier ordre.*

Une quantité peut contenir une ou plusieurs unités simples avec des dizaines. Pour nommer ce nombre on joint au nombre des dizaines le nombre des unités simples. Seulement dans ce cas on dit :

*Dix* au lieu *d'une* dizaine ; *vingt* au lieu de *deux* dizaines ;

*Trente* au lieu de *trois* dizaines ; *quarante* au lieu de *quatre* dizaines ;

*Cinquante* au lieu de *cinq* dizaines ; *soixante* au lieu de *six* dizaines ;

*Soixante-dix* au lieu de *sept* dizaines ;

*Quatre-vingts* au lieu de *huit* dizaines ;

*Quatre-vingt-dix* au lieu de *neuf* dizaines.

Les nombres qui suivent *dix* sont d'après ce qui vient d'être expliqué :

*Dix-un* nommé *onze ; dix-deux* nommé *douze ;*

*Dix-trois* nommé *treize; dix-quatre* nommé *quatorze;*

*Dix-cinq* nommé *quinze ; dix-six* nommé *seize.*

A partir de là on dit régulièrement :

*Dix-sept, dix-huit, dix-neuf ;*

*Vingt, vingt et un, vingt-deux, vingt-trois,* etc.

On arrive ainsi au nombre qui contient le plus fort nombre de dizaines (neuf dizaines) et le plus fort nombre d'unités simples (neuf unités), c'est le nombre *quatre-vingt-dix-neuf.*

**4.** — En ajoutant *un* à ce dernier nombre, on obtient

le nombre suivant qui vaut neuf dizaines plus une dizaine, c'est-à-dire *dix dizaines.*

Ce nombre nommé *cent* est regardé comme une nouvelle unité appelée *centaine.* On compte par centaines, comme on compte par dizaines, en employant de préférence le mot *cent :*

*Cent* écoliers; *deux cents* francs; *neuf cents* soldats.

Les centaines sont les unités du *troisième ordre.*

Entre *une* centaine et *deux* centaines, entre *deux* centaines et *trois* centaines, etc., jusqu'à *neuf* centaines, il peut y avoir dans un nombre des dizaines et des unités, depuis une unité jusqu'à quatre-vingt-dix-neuf, pour nommer le nombre on ajoute au nombre des centaines le nom du nombre de dizaines et d'unités déjà formé :

*Cent un, cent deux.....  cent quatre-vingt-dix-neuf;*

*Deux cents, deux cent deux.....  deux cent quatre-vingt-dix-neuf;* et en continuant de la même manière on arrive au nombre qui contient le plus fort nombre de centaines, de dizaines et d'unités, le nombre *neuf cent quatre-vingt-dix-neuf.*

**5.** — En ajoutant *un* à ce dernier nombre on a le nombre suivant, qui contient *neuf centaines* plus *une centaine, ou dix centaines.*

Ce nombre, nommé *mille,* est regardé comme une nouvelle *unité,* et on compte par *mille,* comme on compte par unités simples :

*Un mille, deux mille, trois mille.....  neuf mille.*

Le mille est l'unité du *quatrième ordre.*

Entre *un* mille et *deux* mille, entre *deux* mille et *trois* mille, etc., il peut y avoir un des nombres qui vont depuis *un* jusqu'à *neuf cent quatre-vingt-dix-neuf.* Pour nommer ce nombre on joint au nombre des mille le nom du nombre des centaines, de dizaines et d'unités :

*Mille un, mille deux.....  mille neuf cent quatre-vingt-dix-neuf;*

*Deux mille un, deux mille deux..... deux mille neuf cent quatre-vingt-dix-neuf,* etc.

On arrive ainsi au plus fort nombre contenant des mille, des centaines, des dizaines et des unités ; ce nombre est *neuf mille neuf cent quatre-vingt-dix-neuf.*

**6.** — En ajoutant *un* à ce dernier nombre, on a le nombre suivant qui contient *dix mille* ou une *dizaine de mille.* On compte par dizaines de mille comme on compte les dizaines d'unités simples :

*Dix mille, vingt mille..... quatre-vingt-dix-neuf mille.*

Les dizaines de mille sont les unités du *cinquième ordre.*

Sans répéter tous les détails précédents, nous résumerons le reste de la numération de la manière suivante :

Dix dizaines de mille font une *centaine de mille,* que l'on compte en disant :

*Cent mille, deux cent mille..... neuf cent mille.*

Les centaines de mille sont les unités du *sixième ordre.*

Dix centaines de mille font une nouvelle unité nommée *million,* que l'on compte depuis *un million* jusqu'à *neuf millions ;* ce sont les unités du *septième ordre.*

De même que pour les unités simples et les unités de mille, on a ensuite les *dizaines de millions* ou unités du *huitième ordre,* les *centaines de millions* ou unités du *neuvième ordre.*

Enfin dix centaines de millions font l'unité du *dixième ordre,* nommée *billion* ou *milliard.*

**7. Résumé.** — Il importe de bien remarquer : 1° *Que les nombres sont exprimés au moyen d'unités de diverses grandeurs, formées de telle sorte qu'une unité de chaque ordre vaut dix unités de l'ordre immédiatement inférieur ; 2° Que dans chaque ordre il n'y a pas plus de neuf unités, puisque neuf unités d'un ordre quel-*

*conque avec une unité de plus forme l'unité de l'ordre immédiatement supérieur.*

Voici le tableau de ces unités :

L'unité simple est l'unité du *premier* ordre ;
La dizaine simple est l'unité du *deuxième* ordre ;
La centaine simple est l'unité du *troisième* ordre ;
L'unité de mille est l'unité du *quatrième* ordre ;
La dizaine de mille est l'unité du *cinquième* ordre ;
La centaine de mille est l'unité du *sixième* ordre ;
L'unité de million est l'unité du *septième* ordre.

On voit encore que les divers ordres d'unités se groupent naturellement en *classes* contenant chacune trois ordres : unités, dizaines et centaines.

La première classe est celle des unités simples ; la deuxième est celle des mille ; la troisième celle des millions, etc.

## Numération écrite.

**8.** — La *numération écrite* fait connaître les règles d'après lesquelles on peut écrire tous les nombres au moyen de quelques caractères appelés *chiffres*. Ces chiffres sont :

1    2    3    4    5    6    7    8    9
un, deux, trois, quatre, cinq, six, sept, huit, neuf.

Ils servent à représenter les neuf nombres d'unités de chaque ordre.

Tout nombre plus petit que *dix* est figuré par l'un de ces chiffres ;
par exemple pour écrire :

       *deux* doigts, *cinq* sous, *huit* jours,
on écrira :    2 doigts, 5 sous, 8 jours.

Les nombres plus grands que *neuf* et plus petits que *cent* contiennent des dizaines et des unités. Pour les écrire on pose d'abord le chiffre des dizaines et à sa droite celui des unités.

Ainsi pour :     *vingt-quatre, soixante-quinze.*
On écrira :         24,            75.

Mais quand le nombre ne contient que des dizaines et pas d'unités, on met à la droite du chiffre des dizaines pour occuper la place vide des unités ce chiffre particulier 0, nommé *zéro.* Les neuf nombres de dizaines non suivis d'unités s'écriront donc ainsi :

| | | | | | |
|---|---|---|---|---|---|
| *Dix* s'écrira | 10 | *Quarante* s'écrira | 40 | *Soixante-dix* s'écrira | 70 |
| *Vingt* — | 20 | *Cinquante* — | 50 | *Quatre-vingts* — | 80 |
| *Trente* — | 30 | *Soixante* — | 60 | *Quatre-vingt-dix* | 90 |

**9.** — Les nombres plus grands que *quatre-vingt-dix-neuf* (99) et plus petits que mille contiennent des centaines, des dizaines et des unités.

Pour les écrire on pose d'abord le chiffre des centaines, à sa droite celui des dizaines, pris celui des unités.

Par exemple on écrira :

     pour *deux cent trente-cinq*..... 235 ;
     pour *cinq cent quatre-vingt-six*..... 586.

Si dans le nombre il n'y a ni dizaines, ni unités, on met un zéro à leur place ;

       ainsi pour *trois cent neuf,* on écrira 309.

S'il n'y a que des centaines, on écrira à la droite du chiffre des centaines un zéro pour les dizaines et un pour les unités. Les neuf nombres de centaines, non suivis de dizaines et d'unités s'écriront donc de la manière suivante :

| | | | | | |
|---|---|---|---|---|---|
| *Cent*. . . . . . . | 100 | *Quatre cents*. . | 400 | *Sept cents* . . . | 700 |
| *Deux cents*. . . | 200 | *Cinq cents* . . . | 500 | *Huit cents* . . . | 800 |
| *Trois cents*. . . | 300 | *Six cents*. . . . | 600 | *Neuf cents*. . . | 900 |

**10. Nombres à partir de mille.** — Ces nombres contiennent la classe des *unités simples,* celle des *mille,* celle des *millions,* etc. Or chaque classe ne contenant que trois ordres : unités, dizaines et centaines, s'écrira comme un nombre de trois chiffres, en commençant par la classe la plus élevée, par exemple, puis celle des mille et enfin celle des unités simples, en ayant soin de mettre un zéro à la place de chaque ordre qui manquerait dans le nombre, à partir de l'ordre le plus élevé.

Cette règle sera complétement expliquée par les exemples suivants :

Deux mille cinq cent quarante-huit.....            2548 ;
Douze mille cinq cent huit.....                    12508 ;
Trois cent soixante-deux mille.....                362000 ;
Huit cent quatre-vingt-dix-neuf mille.....         899000 ;
Huit cent quatre-vingt-deux mille neuf.....        882009 ;
Deux millions cent quinze mille.....               2115000 .

**Remarque.** — Quand la classe la plus élevée du nombre à écrire n'a pas de centaines, ou ni centaines, ni dizaines, elle se réduit au chiffre de ses unités sans aucun zéro à sa gauche, comme on le voit par les exemples précédents.

**11. Lecture des nombres.** — Dans un nombre de trois chiffres il faut se rappeler que le premier chiffre à gauche exprime des centaines, le second des dizaines et le troisième des unités ;

Ainsi pour 428 on lira 4 cent 28 ;
pour 507    —    5 cent  7.

D'après cela, pour lire un nombre quelconque on le sépare en tranches de trois chiffres à partir de la droite : la première représente la classe des *unités simples ;* la deuxième représente la classe des *mille ;* la troisième représente la classe des *millions ;* la dernière peut n'avoir qu'un ou deux chiffres.

On lit ensuite chaque tranche en partant de la gauche comme si elle était seule, en énonçant à la suite le nom de la classe d'unités principales qu'elle représente.

Exemples :

pour      2765 on lira 2 mille 765 unités ;
pour     74809     —    74 mille 809 unités ;
pour    906431     —    906 mille 431 unités ;
pour  5401847     —    5 millions 401 mille 847 unités.

## Nombres décimaux.

**12. Unités décimales.** — Pour mesurer une quantité moindre que l'unité entière, par exemple la longueur d'un ruban, on prend pour unité une longueur qui est contenue 10 fois dans la même. Chacune de ces 10 parties du mètre est un $10^e$ de mètre et se nomme habituellement *décimètre*.

Pour une longueur moindre que le décimètre, on emploie une longueur qui est contenue 10 fois dans le décimètre et par conséquent 10 fois 10 fois c'est-à-dire 100 fois dans le mètre ; cette partie est la $100^e$ partie du mètre et se nomme *centimètre*.

Pour une longueur moindre que le centimètre, on emploierait une longueur qui serait contenue 10 fois dans le centimètre, ou 100 fois dans le décimètre, ou 1 000 fois dans le mètre : c'est la $1\,000^e$ partie du mètre qu'on nomme habituellement *millimètre*.

C'est ce qu'on lit clairement sur la figure suivante qui est la vraie grandeur d'un décimètre.

Ces unités, qui sont la $10^e$, la $100^e$, la $1\,000^e$ partie de l'unité entière, sont appelées *unités décimales*.

Chacune vaut dix fois l'unité inférieure qui la suit immédiatement, comme dans les ordres d'unités entières ; elles en sont la continuation : *dizaines, unités, dixièmes, centièmes, millièmes* [1].

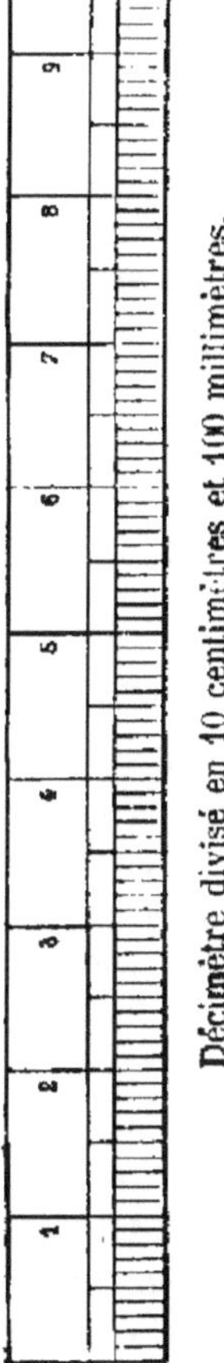


**13. Nombre entier et nombre décimal.** — Un nombre qui n'exprime que des unités entières se nomme *nombre entier*.

---

[1] Le dixième du franc s'appelle *décime* ; le centième du franc *centime*.

Par exemple : 12 mètres ; 15 francs ; 26 litres.

Un nombre qui exprime des unités décimales, avec ou non des unités entières, se nomme *nombre décimal*.

EXEMPLE : 3 mètres 4 décimètres 6 centimètres 8 millimètres ;

ou ce qui est la même chose : 3 mètres 46 centimètres 8 millimètres ;

ou encore : 3 mètres 468 millimètres.

**14. Écriture d'un nombre décimal.** — On écrit d'abord le nombre des unités entières, ou, s'il n'y en a pas, un zéro ; puis on place une virgule et à la suite le chiffre des dixièmes, le chiffre des centièmes, le chiffre des millièmes.

Le nombre énoncé dans l'article précédent sera écrit :
$$3^{m},468$$

Pour 6 francs 24 centimes, on écrira : $6^{f},24$.

Les chiffres qui se trouvent à la droite de la virgule sont appelés *chiffres décimaux*.

**15. Lecture d'un nombre décimal.** — On lit d'abord la partie entière (la partie à gauche de la virgule), puis le premier chiffre à droite en disant *dixièmes*, le chiffre suivant en disant *centièmes*, le troisième en disant *millièmes*.

Pour 7,823 on dira 7 unités 8 dixièmes 2 centièmes 3 millièmes ;

ou 7 unités 82 centièmes 3 millièmes ;

ou 7 unités 823 millièmes.

**16. Principe.** — *On peut écrire en supprimant des zéros sur la droite d'un nombre décimal, sans changer sa valeur.*

Par exemple 5,20 a la même valeur que 5,2.

En effet la partie entière 5 unités est la même. En outre les 2 *dixièmes* du 2e nombre valent 2 fois 10 *dixièmes* ou 20 *centièmes*.

Soit encore le nombre 0,430. Il exprime 430 *millièmes*.

En supprimant le zéro, qui est à droite, on réduit le nombre à 0,43, c'est-à-dire à 43 centièmes ; il y a maintenant 10 fois moins d'unités décimales, mais dans le 2e nombre les unités décimales, qui sont des centièmes, valent 10 fois autant que celles du 1er nombre, où elles sont des millièmes.

## EXERCICES SUR LA NUMÉRATION

### § I. — Exercices oraux.

**1.** — Nommer les dix premiers nombres.

**2.** — les nombres de dix à vingt.

**3.** — — les nombres de vingt à trente.

**4.** — — les nombres de trente à quarante.

**5.** — — les nombres de quarante à cinquante.

**6.** — — les nombres de soixante à quatre-vingts.

**7.** — — les nombres de quatre-vingts à cent.

**8.** — — à rebours en allant du plus fort au plus faible les nombres de chacun des sept numéros qui précèdent.

**9.** — Nommer les nombres de cent trente-deux à cent cinquante.

**10.** — Nommer les nombres de cette dernière série à rebours.

**11.** — Nommer à rebours les nombres de cinq cents à quatre cent soixante.

**12.** — Nommer à rebours les nombres de six cents à cinq cent soixante-dix.

*Lire les nombres entiers suivants :*

**13.** — 102. — 210. — 138. — 318. — 409. — 490.

**14.** — Les distances en kilomètres par chemin de fer de Paris aux villes suivantes :

| | | | |
|---|---|---|---|
| Lille, | 247 kil. | Nancy, | 353 kil. |
| Brest, | 624 — | Belfort, | 443 — |
| Bordeaux, | 585 — | Marseille, | 863 — |
| Lyon, | 512 — | Nice, | 1088 — |

**15.** — Les dates des années suivantes :

1492. — 1712. — 1789. — 1804. — 1875. — 1899.

**16.** — La population des villes suivantes de la France en 1896 :

Bordeaux, 256900 h. — Marseille, 442200 h.
Lyon, 466000 h. — Paris, 2536800 h.

**17.** — La population des villes capitales suivantes et leur distance à Paris :

| | | | |
|---|---|---|---|
| Rome, | 1027000 h. | à 1464 kil. de Paris ; |
| Londres, | 4433000 h. | à 460 kil. | — |
| Berlin, | 1677000 h. | à 1068 kil. | — |
| Vienne, | 1364000 h. | à 1370 kil. | — |
| Saint-Pétersbourg, | 1267000 h. | à 2700 kil. | — |

| | | | | |
|---|---|---|---|---|
| **18.** — | 1001 | 1091 | 1270 | 2506 |
| **19.** — | 3492 | 3543 | 4025 | 4307 |
| **20.** — | 6074 | 7048 | 8425 | 8705 |
| **21.** — | 9003 | 9071 | 9108 | 9300 |
| **22.** — | 19624 | 20403 | 32064 | 56917 |
| **23.** — | 360425 | 471632 | 584819 | 799697 |
| **24.** — | 3406843 | 9624875 | 35916717 | 124378640 |
| **25.** — | 9000420. — | 850271. — | 70130416. — | 82059303. |

*Lire les nombres décimaux suivants :*

| | | | | | |
|---|---|---|---|---|---|
| **26.** — | 5,41 | 8,7 | 13,5 | 25,3 | 45,12 |
| **27.** — | 0,25 | 2,75 | 10,04 | 8,35 | 6,415 |
| **28.** — | 7,025 | 2,64 | 12,32 | 19,44 | 17,52 |
| **29.** — | 25,4 | 42,04 | 54,28 | 35,56 | 49,17 |
| **30.** — | 345,2 | 640,03 | 748,15 | 906,48 | 1024,50 |
| **31.** — | 448,315 | 609,527 | 161,545 | 2506,434 | 3620,421 |

## § II. — Nombres à écrire en chiffres.

**31.** — Écrire les nombres onze, quinze, seize, dix-sept, dix-neuf.

**32.** — Les nombres de vingt à trente, de trente à quarante.

**33.** — Les nombres de cinquante à soixante-quatre.

**34.** — Les nombres de soixante-neuf à quatre-vingts.

**35.** — Les nombres de quatre-vingt-deux à quatre-vingt-seize.

**36.** — Les nombres de cent huit à cent trente-trois.

**37.** — Les nombres de deux cent douze à deux cent vingt-cinq.

**38.** — Les nombres de trois cent treize à trois cent quarante-un.

**39.** — Les nombres de quatre cents à trois cent quatre-vingt-deux.

**40.** — Les nombres de mille à neuf cent soixante-dix-huit.

**41.** — Écrire les nombres suivants : Cent huit. — Trois cent neuf. — Cinq cent soixante-douze. — Huit cent vingt-trois. — Neuf cent neuf.

**42.** — Mille trois cent. — Deux mille quatre cent quatre-vingt-deux. — Quatre mille quatre. — Cinq mille vingt-neuf.

**43.** — Mille huit cent quatre vingt-cinq. — Deux mille six cent quatre-vingt-douze. — Huit mille quarante-sept.

**44.** — Cinq mille six cent trois. — Neuf mille huit cents. — Dix mille sept cent quarante-cinq.

**45.** — Douze mille huit cent trente-deux. — Quinze mille trois cent quinze. — Vingt mille un.

**46.** — Trente-cinq mille cent quatre-vingt-douze. — Cinquante-huit mille trois cent dix-sept.

**47.** — Cent vingt-deux mille trois cent dix-neuf. — Cent mille quatre cent soixante-quinze.

1*

**48**. — Six cent cinquante-quatre mille neuf cent soixante-onze. — Un million cinq cent dix-huit mille neuf.

**49**. — Trois unités cinq dixièmes. — Huit unités quinze centièmes. — Vingt unités six dixièmes. — Huit centièmes. — Douze millièmes.

**50**. — Douze unités cinq dixièmes. — Vingt-cinq unités cent dix-neuf millièmes. — Quarante-deux centièmes. — Cent vingt-cinq millièmes.

**51**. — Cinquante-deux unités trente-cinq centièmes. — Quatre-vingt-dix unités douze centièmes. — Cent vingt-huit unités quatre-vingt-quatorze millièmes. — Trois dixièmes huit millièmes.

**52**. — Cent douze unités vingt-quatre millièmes. — Deux cents unités dix centièmes. — Treize millièmes. — Huit cent six millièmes.

**53**. — Trois cent trente-cinq unités cent quarante-sept millièmes. — Quatre cent quinze unités. — Huit cent quatre-vingt-dix-huit unités douze millièmes.

**54**. — Quatre-vingt-cinq centièmes. — Cent quarante-huit millièmes. — Deux cent neuf millièmes. — Huit unités quatre millièmes.

**55**. — Soixante-dix unités six cent soixante-dix-sept millièmes. — Quatre-vingt-neuf unités deux cent trois millièmes. — Cent onze unités cinquante-cinq centièmes.

# CHAPITRE II

## NOTIONS SUR LE MÈTRE

### ET QUELQUES AUTRES MESURES USUELLES [1]

### § I. — Mesures de longueur.

**17.** — Ces mesures, qui sont d'un usage fréquent, sont :

le *mètre*, pour mesurer les longueurs ;

le *franc*, pour les valeurs en monnaies ;

le *gramme*, pour le poids ;

le *litre*, pour la contenance ou capacité d'un vase creux :

le *stère*, pour le bois de chauffage.

Il convient d'y ajouter les mesures du temps : l'*heure* et la *minute*.

**18. Multiples.** — Les *multiples* des unités sont des mesures qui contiennent exactement 10 fois, 100 fois, 1 000 fois ces unités.

Pour désigner ces multiples on emploie les mots suivants :

*déca*, qui signifie dix ;

*hecto*, qui signifie cent ;

*kilo*, qui signifie mille ;

*myria*, qui signifie dix mille.

---

[1] Pour rendre ces explications intéressantes, il est nécessaire de mettre ces mesures sous les yeux des élèves autant que possible. D'abord il devrait y avoir dans toutes les classes un mètre pliant, composé non pas de cinq doubles décimètres, mais de dix décimètres, et qui serait suspendu par un clou à côté du tableau noir.

En outre le maître devrait toujours avoir dans son pupitre des pièces de 1 centime, de 2 centimes, de 5 centimes, de 10 centimes. Elles serviraient de plus à donner une idée assez juste des mesures de poids, à défaut des poids marqués qui accompagnent la balance.

Il est facile de montrer un litre sous la forme d'une boîte carrée en carton d'un décimètre de côté ; il serait facile d'en construire un de forme cylindrique avec un cercle de carton pour fond et une feuille de papier fort qu'on enroulerait autour en collant les deux bords opposés l'un sur l'autre.

**19. Sous-multiples**. — Les *sous-multiples* de ces unités sont des mesures contenues exactement 10 fois, 100 fois, 1 000 fois dans ces unités.

Les mots qui servent à désigner les sous-multiples sont :

*déci*, qui signifie la dixième partie;
*centi*, qui signifie la centième partie;
*milli*, qui signifie la millième partie.

**20. Définition**. — On appelle mesures de longueur les mesures qui servent à évaluer l'étendue considérée comme une simple ligne : la longueur d'un ruban, la taille d'un homme, l'épaisseur d'une planche; etc.

L'unité des mesures de longueur s'appelle *mètre*. Cette longueur est égale à 10 fois celle de la page 9, nommée *décimètre*.

Les multiples du mètre sont :
le décamètre, qui égale   10 mètres ;
l'hectomètre      —      100 mètres ;
le kilomètre      —      1 000 mètres ;
le myriamètre     —     10 000 mètres.

Le kilomètre sert à évaluer la longueur des routes, la distance entre deux villes [1]. C'est la distance qu'un homme peut parcourir d'un bon pas sur une route ordinaire en dix minutes.

**21**. — Les sous-multiples du mètre sont :
le décimètre, qui est la dixième partie du mètre;
le centimètre, qui est la centième partie du mètre;
le millimètre, qui est la millième partie du mètre.

La figure de la page 9 est un décimètre divisé en 10 centimètres; chaque centimètre est divisé en 10 millimètres.

---

[1] On évalue fréquemment ces distances en *lieues;* la lieue commune est égale à 4 kilomètres.

## EXERCICES SUR LES LONGUEURS

*(A effectuer avec un mètre pliant et sur le tableau noir à la craie.)*

**56.** — Montrez 2 décimètres, 5 décimètres, 8 décimètres.

**57.** — Qu'est-ce que le centimètre? Montrez un centimètre, 5 centimètres, 15 centimètres.

**58.** — Montrez un demi-mètre, un quart de mètre.

**59.** — Mesurez la largeur d'un banc, la longueur du tableau noir.

**60.** — Mesurez la longueur et la largeur d'un cahier, la hauteur d'un banc.

**61.** — Mesurez la longueur et la largeur de la classe.

**62.** — Tracez une ligne droite sur le tableau et mesurez-la.

**63.** — Tracez sur le tableau une droite de 1 mètre, de 3 décimètres, de 45 centimètres.

**64.** — Mesurez le contour de la feuille de carton d'un livre, le contour d'un carreau de vitre.

**65.** — Mesurez le contour du poêle, du tuyau.

**66.** — Qu'est-ce que le décamètre? Qu'est-ce que l'hectomètre?

**67.** — Qu'est-ce que le kilomètre? Quel temps faut-il à un homme pour parcourir 1 kilomètre au pas ordinaire?

**68.** — Combien y a-t-il de mètres dans 3 décamètres, dans 5 hectomètres, dans 2 kilomètres?

**69.** — Combien y a-t-il de décimètres dans 2 mètres, dans 2 décamètres, dans 40 centimètres?

**70.** — Combien y a-t-il de mètres dans 60 décimètres, dans 500 centimètres, dans 4000 millimètres?

## § II. — Mesures monétaires.

**22. Définition.** — On appelle mesures monétaires, ou simplement *monnaies*, les mesures qui servent à payer le prix des choses.

L'unité des mesures monétaires s'appelle *franc*.

Le franc est une pièce d'argent contenant une petite partie de cuivre.

Pour le franc on n'emploie pas les noms des multiples; on dit : 10 francs, 100 francs, 1 000 francs.

Le dixième du franc s'appelle *décime* et le centième du franc *centime*.

Le décime est une pièce de monnaie en cuivre mêlé d'un peu d'étain et d'une parcelle de zinc.

Le centime est une pièce de monnaie en cuivre, composée comme le décime. Son poids est appelé *gramme*.

Le mélange de cuivre avec un peu d'étain et de zinc s'appelle *bronze*.

**23. Pièces de monnaie.** — Les pièces de monnaie sont en or, en argent ou en bronze.

Les pièces de monnaie en or sont :

les pièces de 5 francs, de 10 francs, de 20 francs, de 50 francs et de 100 francs.

Les pièces de monnaie en argent sont :

les pièces de 1 franc, de 2 francs, de 5 francs, de 50 centimes et de 20 centimes.

Les pièces de monnaie en bronze sont :

les pièces de 10 centimes, de 5 centimes, de 2 centimes et de 1 centime.

La pièce de 1 centime pèse 1 gramme.

La pièce de 1 franc en argent pèse 5 grammes.

Les pièces d'or et d'argent contiennent toutes une petite partie de cuivre, qui a pour effet de les rendre un peu plus dures et les empêche de s'user trop vite.

## EXERCICES ORAUX SUR LES MONNAIES

**71.** — Qu'appelle-t-on bronze?
Énoncez les pièces de monnaie en bronze.
Dites le poids de chacune.
Dites le poids de ces pièces ensemble.
**72.** — Énoncez les pièces d'argent.
Indiquez leur poids.
Indiquez le poids total de ces pièces ensemble.
Combien 2 francs valent-ils de décimes, combien de centimes?
Combien y a-t-il de francs dans 30 décimes, dans 50 décimes?
Combien de francs dans 200 centimes, dans 400 centimes?
**73.** — Énoncez les pièces d'or.
L'or y est-il complètement pur.
Pourquoi y a-t-il un peu de cuivre dans les monnaies d'or et d'argent?

### § III. — Mesures de poids.

**24. Définition.** — L'unité des mesures de poids s'appelle *gramme*.
Elle est égale au poids de la pièce de monnaie en bronze de 1 centime.
Les multiples du gramme sont :
le décagramme, qui égale 10 grammes;
l'hectogramme, qui égale     100 grammes;
le kilogramme          —      1000 grammes;
le myriagramme          —     10000 grammes.
Les sous-multiples du gramme sont :
le décigramme, qui est la dixième partie du gramme;
le centigramme, qui est la centième partie du gramme;
le milligramme, qui est la millième partie du gramme;

Le gramme étant un poids très petit, on emploie habituellement le kilogramme comme unité dans l'évaluation des substances ordinaires, telles que le pain, la viande, le sucre, etc. Le demi-kilogramme est égal à 5 hectogrammes [1].

On nomme *quintal métrique*, ou simplement *quintal*, un poids de 100 kilogrammes, et *tonne*, un poids de 1 000 kilogrammes.

**25. De la balance.** — Pour connaître le poids des corps on se sert d'un instrument nommé *balance*.

La balance à bras se compose ;

de la colonne CC, du fléau AB et des bassins PP'.

Pour peser un objet, on place cet objet dans un des

Balance, instrument qui sert à peser.

plateaux, et on lui fait équilibre au moyen de poids marqués que l'on met dans l'autre plateau.

Ces poids marqués, c'est-à-dire qui portent le nombre

[1] Dans le langage vulgaire le poids du demi-kilogramme est souvent désigné par l'ancien nom de *livre* : une livre de pain, une livre de sucre.

indiquant leur poids, sont de diverses formes, les uns en fonte de fer, les autres en cuivre jaune.

**26. Poids en fonte.** — Les poids en fonte sont ordi-

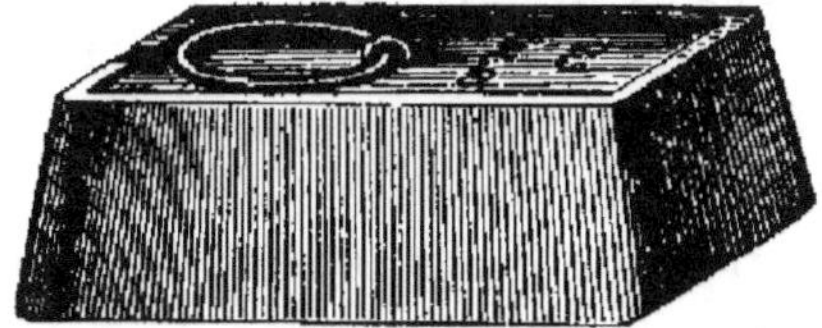

20 kilogrammes.

10 kilogrammes.

nairement appelés gros poids; leurs formes se voient dans les figures ci-dessus.

**27. Poids en cuivre.** — Les poids en cuivre jaune (ou laiton) ont très souvent la forme d'un cylindre surmonté d'un bouton. Voici la forme de ces poids :

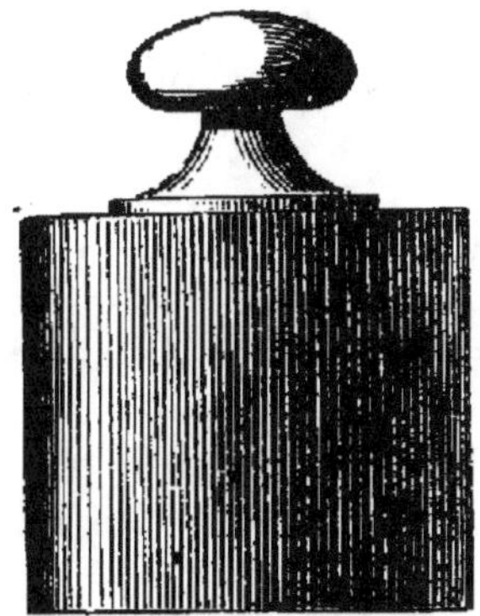

1 kilogramme.

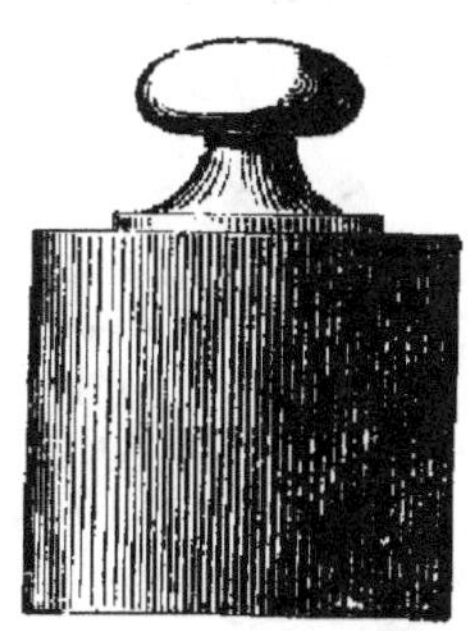

500 grammes.

**28.** Les poids les plus petits sont encore en laiton; ils ont la forme de lames minces à coins rabattus. Leur forme est indiquée dans les figures ci-dessous.

## EXERCICES ORAUX SUR LES MESURES DE POIDS

**74.** — Citez un objet dont le poids est un gramme?

**75.** — Qu'est-ce que le décagramme? Qu'est-ce que le décigramme?

**76.** — Combien y a-t-il de grammes dans 3 décagrammes, dans 7 décagrammes?

**77.** — Combien y a-t-il de grammes dans 40 décigrammes, dans 60 décigrammes?

**78.** — Qu'est-ce que l'hectogramme? — Qu'est-ce que le kilogramme?

**79.** — Combien 50 hectogrammes font-ils de kilogrammes?

**80.** — Combien 10 kilogrammes font-ils d'hectogrammes?

**81.** — Qu'est-ce que le myriagramme? Compte-t-on souvent par myriagramme?

**82.** — Combien faut-il de décagrammes pour faire un hectogramme?

### § **IV.** — **Mesures de capacité.**

**29. Définition.** — Les mesures de capacité ou de contenance sont celles qui servent à mesurer les liquides, comme le vin, la bière, le lait, etc.; et certaines matières, comme le froment, le riz, les haricots et même les pommes de terre.

**Litre.** — L'unité des mesures de capacité s'appelle *litre*. C'est la contenance d'une boîte à six faces carrées, ayant 1 décimètre en longueur, en largeur et en profondeur. Le poids d'un litre d'eau pure est 1 kilogramme.

Les multiples du litre sont :

le décalitre, qui égale     10 litres;

l'hectolitre       —      100 litres.

Les sous-multiples du litre sont :

le décilitre, qui est la dixième partie du litre;

le centilitre, qui est la centième partie du litre.

Pour plus de commodité on donne aux mesures de capacité, non pas la forme d'une boîte carrée, mais celle d'un cylindre, c'est-à-dire celui d'un vase rond, comme un tuyau de poêle, ayant son fond de même grandeur que l'ouverture.

Il y en a en étain, en fer-blanc, en tôle ou en bois.

**30. Mesures en étain.** — Les mesures en étain servent

Double-litre.

Litre.

ordinairement à mesurer le vin; les deux figures ci-dessus montrent leur forme.

**31. Mesures en fer-blanc.** — Les mesures en fer-blanc servent à mesurer le lait et l'huile; leurs formes sont indiquées dans les figures ci-dessous.

Litre.

Demi-litre.

Double-décilitre.

**32. Mesures en bois ou en tôle.** — Les mesures en bois ou en tôle servent à mesurer le blé, l'orge, les haricots, l'avoine, le charbon, etc.

Voici la forme de ces mesures.

Demi-hectolitre.

Double-décalitre.

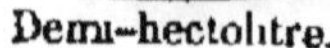

## EXERCICES SUR LES MESURES DE CAPACITÉ

**83.** — Qu'est-ce que le litre?

**84.** — Qu'est-ce que le décalitre, le décilitre?

**85.** — Qu'est-ce que l'hectolitre? Combien vaut-il de décalitres?

**86.** — Qu'est-ce que le double décalitre? Combien y en a-t-il dans l'hectolitre?

**87.** — Qu'est-ce que le centilitre? Combien y en a-t-il dans un demi-litre?

**88.** — Combien y a-t-il de litres dans 3 décalitres, dans un demi-décalitre?

**89.** — Combien y a-t-il de litres dans 20 décilitres, dans 30 décilitres, dans 50 centilitres?

**90.** — Lorsqu'un litre d'huile coûte 2 francs, combien coûtent 3 litres, un demi-litre, un quart de litre?

**91.** Quel est le poids d'un litre d'eau?

**92.** — Le litre de vin et le litre d'huile ont-ils le même poids que le litre d'eau? — Quel est le moins pesant du litre de vin et du litre d'eau?

## § V. — Mesures pour le bois de chauffage.

**33. Stère.** — L'unité des mesures pour le bois de chauffage s'appelle *stère*.

C'est le volume d'une pile de bois représentée par la figure ci-jointe, formée de bûches d'un mètre sur une longueur d'un mètre entre les deux montants avec la hauteur d'un mètre.

Le stère n'a qu'un multiple, c'est le décastère, qui

Stère.

égale 10 stères, et un sous-multiple, le décistère, qui est la dixième partie du stère.

## § VI. — Mesures du temps.

**34.** — La mesure principale est le *jour*. C'est le temps qui s'écoule entre le lever du soleil et le lever de la veille. Il se compose de deux parties : l'une la nuit, et l'autre qui, nommée aussi jour, est le temps pendant lequel le soleil nous éclaire.

Le *jour* se divise en 24 parties égales nommées *heures*; l'heure, en 60 parties égales nommées *minutes*; la minute, en 60 parties égales nommées *secondes*.

Pour écrire un nombre de ces unités, on écrit à droite du nombre la première lettre du nom de l'unité.

Par exemple, pour 2 jours 15 heures 36 minutes 8 secondes, on écrit : $2^j\ 15^h\ 36^m\ 8^s$.

Dans ces nombres on ne doit pas mettre de virgule, parce que les minutes et les secondes ne sont pas des unités décimales.

Citons encore deux unités de temps plus grandes que le jour : l'année, qui comprend 365 jours, et tous les quatre ans 366; le siècle qui vaut 100 ans.

# CHAPITRE III

## ADDITION DES NOMBRES ENTIERS ET DÉCIMAUX

**35.** — On peut combiner les nombres entre eux de certaines manières ; c'est ce qu'on appelle *opération* de l'arithmétique.

Il y a quatre opérations qui sont : *l'addition*, la *soustraction*, la *multiplication* et la *division*. On les nomme aussi les *quatre règles*.

*Calculer* c'est faire ces opérations sur les nombres.

On nomme *problème* une question dans laquelle on doit trouver un nombre à l'aide de calculs faits sur des nombres connus.

### Addition des nombres entiers et décimaux.

**36. Problème** — *Jeanne ayant reçu de son père pour ses bonnes notes de la classe 3 sous la première semaine, 4 sous la deuxième et 5 sous la troisième, les a mis dans sa tirelire qui était vide. Combien y a-t-il maintenant ?*

On trouvera le total demandé en ajoutant 4 sous et 5 sous à 3 sous : c'est ce qu'on appelle *additionner*.

**Définition.** — *L'addition est une opération par laquelle on réunit ensemble plusieurs nombres représentant des unités de même nature, pour en faire un seul qu'on appelle* **somme** *ou* **total**.

**37.** — Pour indiquer que des nombres doivent être additionnés entre eux, on peut les écrire l'un à la suite de l'autre en les séparant par ce signe $+$ qui se prononce *plus*.

L'addition des trois nombres du problème précédent sera indiquée ainsi :

$$3 + 4 + 5$$

ce qu'on lit en disant : 3 *plus* 4 *plus* 5.

**38.** — Pour additionner un nombre avec un autre, on peut ajouter une à une, au premier nombre, toutes les unités du second.

Ainsi, pour additionner 3 avec 4, ce qui est la même chose que d'ajouter 4 à 3, on peut dire : 3 et 1 font 4; 4 et 1 font 5; 5 et 1 font 6; 6 et 1 font 7. Le total est 7.

**39.** — Pour additionner deux nombres, les enfants comptent sur leurs doigts. Qu'on leur demande, par exemple, combien font 4 et 3, ils disent en ouvrant le pouce 5, puis le 2e doigt 6, puis le 3e 7.

De même pour additionner 5 avec 8, ils ouvrent le 1er doigt en disant 9, le 2e doigt en disant 10, le 3e doigt en disant 11, le 4e doigt en disant 12 et le 5e doigt en disant 13. Le total est donc 13.

**Observation.** — Cette méthode n'est bonne que pour les commençants; avec de l'habitude et de l'attention ils doivent arriver à savoir par cœur le total de la somme de deux nombres, comme cela est indiqué dans la table suivante.

## Table d'addition.

| | | | | | | | | | | | | | | |
|---|---|---|---|---|---|---|---|---|---|---|---|---|---|---|
| 1 | et | 1 | font | 2 | 1 | et | 4 | font | 5 | 1 | et | 7 | font | 8 |
| 2 | et | 1 | font | 3 | 2 | et | 4 | font | 6 | 2 | et | 7 | font | 9 |
| 3 | et | 1 | font | 4 | 3 | et | 4 | font | 7 | 3 | et | 7 | font | 10 |
| 4 | et | 1 | font | 5 | 4 | et | 4 | font | 8 | 4 | et | 7 | font | 11 |
| 5 | et | 1 | font | 6 | 5 | et | 4 | font | 9 | 5 | et | 7 | font | 12 |
| 6 | et | 1 | font | 7 | 6 | et | 4 | font | 10 | 6 | et | 7 | font | 13 |
| 7 | et | 1 | font | 8 | 7 | et | 4 | font | 11 | 7 | et | 7 | font | 14 |
| 8 | et | 1 | font | 9 | 8 | et | 4 | font | 12 | 8 | et | 7 | font | 15 |
| 9 | et | 1 | font | 10 | 9 | et | 4 | font | 13 | 9 | et | 7 | font | 16 |
| 1 | et | 2 | font | 3 | 1 | et | 5 | font | 6 | 1 | et | 8 | font | 9 |
| 2 | et | 2 | font | 4 | 2 | et | 5 | font | 7 | 2 | et | 8 | font | 10 |
| 3 | et | 2 | font | 5 | 3 | et | 5 | font | 8 | 3 | et | 8 | font | 11 |
| 4 | et | 2 | font | 6 | 4 | et | 5 | font | 9 | 4 | et | 8 | font | 12 |
| 5 | et | 2 | font | 7 | 5 | et | 5 | font | 10 | 5 | et | 8 | font | 13 |
| 6 | et | 2 | font | 8 | 6 | et | 5 | font | 11 | 6 | et | 8 | font | 14 |
| 7 | et | 2 | font | 9 | 7 | et | 5 | font | 12 | 7 | et | 8 | font | 15 |
| 8 | et | 2 | font | 10 | 8 | et | 5 | font | 13 | 8 | et | 8 | font | 16 |
| 9 | et | 2 | font | 11 | 9 | et | 5 | font | 14 | 9 | et | 8 | font | 17 |
| 1 | et | 3 | font | 4 | 1 | et | 6 | font | 7 | 1 | et | 9 | font | 10 |
| 2 | et | 3 | font | 5 | 2 | et | 6 | font | 8 | 2 | et | 9 | font | 11 |
| 3 | et | 3 | font | 6 | 3 | et | 6 | font | 9 | 3 | et | 9 | font | 12 |
| 4 | et | 3 | font | 7 | 4 | et | 6 | font | 10 | 4 | et | 9 | font | 13 |
| 5 | et | 3 | font | 8 | 5 | et | 6 | font | 11 | 5 | et | 9 | font | 14 |
| 6 | et | 3 | font | 9 | 6 | et | 6 | font | 12 | 6 | et | 9 | font | 15 |
| 7 | et | 3 | font | 10 | 7 | et | 6 | font | 13 | 7 | et | 9 | font | 16 |
| 8 | et | 3 | font | 11 | 8 | et | 6 | font | 14 | 8 | et | 9 | font | 17 |
| 9 | et | 3 | font | 12 | 9 | et | 6 | font | 15 | 9 | et | 9 | font | 18 |

**40. Remarque.** — On voit sur la table que 2 et 3 font 5 et que 3 et 2 font aussi 5; que 4 et 7 font 11 et que 7 et 4 font également 11, etc. Cela montre que, lorsqu'on a deux nombres à additionner, on peut ajouter le premier avec le second ou le second avec le premier, et l'on a toujours le même résultat.

## Manière de faire l'addition.

**41.** 1ᵉʳ **Cas.** — Soit à additionner les nombres 136, 501 et 242.

Après avoir écrit ces nombres les uns au-dessous des autres, de manière que les unités soient sous les unités, les dizaines sous les dizaines, les centaines sous les centaines, etc., je trace un trait. Puis je commence l'addition par les chiffres de la colonne des unités et je dis 6 et 1 font 7, 7 et 2 font 9; j'écris 9 sous le trait.

$$\begin{array}{r} 136 \\ 501 \\ 242 \\ \hline \text{Total } 879 \end{array}$$

Je passe à la colonne des dizaines et je dis : 3 et 4 font 7; j'écris 7 sous le trait dans la même colonne.

Enfin je passe à la colonne des centaines et je dis : 1 et 5 font 6, 6 et 2 font 8; j'écris 8 sous le trait.

La somme est 879.

2ᵉ **Cas.** — Quand la somme des chiffres d'une colonne dépasse 9 on n'écrit que les unités de cette colonne et on retient les dizaines que l'on additionne avec les chiffres de la colonne suivante.

Soit à additionner les nombres 538, 783 et 692.

Après avoir écrit les nombres les uns au-dessous des autres et tiré un trait, je dis :

$$\begin{array}{r} 538 \\ 783 \\ 692 \\ \hline \text{Total } 2013 \end{array}$$

8 et 3 font 11, 11 et 2 font 13; dans 13 il y a 1 dizaine et 3 unités; j'écris 3 au-dessous du trait dans la colonne des unités et je retiens 1 dizaine pour l'ajouter aux dizaines de la deuxième colonne, je dis :

1 de retenue et 3 font 4, 4 et 8 font 12, 12 et 9 font 21 dizaines. Dans ce total il y a 2 centaines et 1 dizaine; j'écris 1 sous la colonne des dizaines et je retiens les 2 centaines pour les ajouter à celles de la troisième colonne. Je dis :

2 de retenue et 5 font 7, 7 et 7 font 14, 14 et 6 font 20; j'écris 20 en plaçant le zéro dans la troisième colonne.

La somme est 2013.

**Remarque.** — Dans la pratique, au lieu de dire 8 et 3 font 11, 11 et 2 font 13, on ne répète pas la première somme obtenue 11, et l'on dit simplement : 8 et 3 font 11 et 2 font 13.

**42. Addition des nombres décimaux.** — L'addition des nombres décimaux se fait comme celle des nombres entiers, après avoir écrit les dixièmes sous les dixièmes, les centièmes sous les centièmes, etc. Au total on place une virgule dans la colonne des virgules pour séparer la partie décimale de la partie entière dans le total.

$$35,6$$
$$142,78$$
$$79,314$$

Total  257,694

Soit à additionner 35,6 avec 142,78 et 79,314.

Le résultat est 257,694, c'est-à-dire 257 unités 694 millièmes.

**43. Preuve de l'addition.** — On appelle *preuve* d'une opération une seconde opération, que l'on fait pour s'assurer que la première est exacte. Pour faire la preuve pour l'addition, on recommence l'opération en comptant de bas en haut les unités de chaque colonne, et l'on doit trouver le même total que dans la première opération.

**44. Calcul mental.** — Le calcul mental est le calcul qui se fait sans écrire les chiffres.

Quand je demande à un élève combien font 10 sous et 8 sous et qu'il me répond : 10 et 8 font 18, cet élève a fait un calcul mental.

De même quand je demande à un autre élève combien il a écrit de lignes dans les trois dictées de la journée et qu'il me dit : j'ai écrit 7 lignes dans la première, 8 lignes dans la seconde et 5 lignes dans la troisième, en tout 20 lignes, cet élève a fait un calcul mental.

# EXERCICES SUR L'ADDITION

## § I. — Exercices oraux.

**93.** — Combien y a-t-il dans une bourse où l'on a mis 3 sous, puis 4 sous et ensuite 5 sous?

Combien dans une autre bourse où l'on a mis 5 francs, puis 5 francs et ensuite 7 francs?

**94.** — On a donné à une petite fille une pièce de 2 centimes, une pièce de 5 centimes et une pièce de 10 centimes. Combien a-t-elle de centimes en tout?

**95.** — Une modiste a employé 3 rubans. Le premier a 2 mètres, le second 4 mètres et le troisième 6 mètres. Quel est le nombre total de mètres?

Quelle longueur totale aura-t-elle employé, si elle y ajoute un autre ruban de 4 mètres?

**96.** — J'ai cueilli 8 pêches sur un arbre de mon jardin, 8 sur un second et 4 sur un troisième. Dites combien j'ai de pêches en tout?

**97.** — Le maître a mis sur son pupitre 3 paquets de crayons; le premier en contient 9, le second 9 et le troisième 10. Combien y a-t-il de crayons en tout?

**98.** — Trois petits bergers ont conduit leurs moutons dans le même pré. Le premier en a 12, le second 8 et le troisième 6. Combien y a-t-il de moutons dans le pré?

**99.** — Un ouvrier a fait 6 journées de travail dans la première semaine du mois, 5 dans la deuxième, 4 dans la troisième et 5 dans la quatrième. Combien lui doit-on de journées au bout du mois?

**100.** — Marie a acheté trois paquets d'aiguilles. Le premier en contient 12, le second 10 et le troisième 8. Combien y a-t-il d'aiguilles en tout?

**101.** — Une pièce d'argent de 1 franc pèse 5 grammes, celle de 2 francs 10 grammes et celle de 5 francs 25 grammes. Quel est le poids total de ces trois pièces mises ensemble?

**102.** Une cuisinière, au marché, a mis dans son panier 3 livres de viande, 3 livres de sucre et 4 livres de légumes. Le panier vide pesant 1 livre, quel est le poids du panier plein?

**103.** Dites la somme formée par 25 francs et 17 francs.

Au plus fort des deux nombres 25 on ajoute d'abord la **dizaine** contenue dans 17, ce qui fait 35 ; puis à 35 on ajoute les 7 unités, ce qui fait 42 francs. On opérera d'une manière analogue dans les questions suivantes.

**104.** — Dans une classe il y a seulement deux tables, occupées l'une par 12 élèves, l'autre par 15 élèves. Dites le nombre d'élèves de cette classe?

**105.** Deux maisons qui se suivent sans séparation ont l'une 34 mètres de longueur et l'autre 28 mètres. Dites la longueur totale des deux maisons.

**106.** — Un écolier a écrit trois pages de son cahier ; il a mis 12 lignes à la première page, 14 lignes à la seconde et 16 lignes à la troisième. Quel est le nombre total des trois pages?

**107.** — On a acheté une pendule pour 45 francs, un fauteuil pour 48 francs et une table pour 52 francs. Quelle somme faut-il dépenser pour ces trois achats?

## § II. — Exercices écrits.

*Effectuer les additions suivantes, en les écrivant*
*d'après la règle ordinaire.*

| | | | | | |
|---|---|---|---|---|---|
| **108.** — | 412 + 275;<br>643 + 234. | **111.** — | 148 + 751;<br>564 + 334. | **114.** — | 632 + 243;<br>423 + 566;<br>245 + 723. |
| **109.** — | 544 + 345;<br>517 + 421. | **112.** — | 226 + 450;<br>524 + 375. | **115.** — | 426 + 457;<br>587 + 206;<br>648 + 239. |
| **110.** — | 715 + 233;<br>254 + 613. | **113.** — | 745 + 254;<br>795 + 203. | | |

**116.** — 557 + 228;      347 + 528;      209 + 697.
423 + 569;      545 + 449. **121.** — 395 + 475;
456 + 244. **119.** — 476 + 318;      627 + 278;
**117.** — 763 + 129;      345 + 458;      542 + 177.
435 + 458;      628 + 187. **122.** — 813 + 697;
575 + 415. **120.** — 347 + 596;      426 + 888;
**118.** — 807 + 186;      197 + 658;      316 + 898.

**123.** — 348 + 175 + 212;      **126.** — 624 + 329 + 697;
513 + 643 + 235;      817 + 792 + 276;
728 + 695 + 413.      592 + 639 + 428.
**124.** — 537 + 702 + 295;      **127.** — 477 + 871 + 904;
718 + 643 + 592;      674 + 797 + 343;
147 + 295 + 378.      363 + 575 + 686.
**125.** — 342 + 575 + 792;      **128.** — 974 + 876 + 548;
717 + 691 + 906;      123 + 456 + 789;
314 + 928 + 797.      134 + 567 + 891.

**129.** — 143 + 212 + 315 + 426;
987 + 654 + 321 + 98;
765 + 432 + 109 + 876.
**130.** — 543 + 210 + 987 + 396;
135 + 791 + 357 + 913;
596 + 192 + 353 + 497.
**131.** — 908 + 716 + 605 + 428 + 103.
**132.** — 109 + 290 + 376 + 497 + 77.
**133.** — 817 + 926 + 305 + 429 + 96.
**134.** — 918 + 827 + 75 + 603 + 37.
**135.** — 785 + 307 + 418 + 545 + 125 + 208.
**136.** — 74 + 527 + 604 + 717 + 624 + 475.
**137.** — 272 + 693 + 984 + 760 + 301 + 139.
**138.** — 520 + 771 + 809 + 672 + 403 + 158.
**139.** — 713 + 607 + 427 + 318 + 506 + 617.
**140.** — 2415 + 740 + 832 + 509 + 298 + 333.
**141.** — 5,25 + 3,75 + 6,20 + 5,60.
**142.** — 14,05 + 6,70 + 19,25 + 8,45.
**143.** — 29,40 + 13,80 + 24,95 + 32,50.
**144.** — 86,25 + 94,18 + 75,70 + 48,75.
**145.** — 76,29 + 19,74 + 51,48 + 54,05.

**Cours élémentaire.**                                    2

**146** — . 134,6 + 702,25 + 49,72 + 34,25.
**147** — . 715,25 + 32,74 + 801,97 + 18,70.
**148** . 49,77 + 51,33 + 28,11 + 48,35.
**149** . 805,49 + 8,25 + 24,75 + 45,55.
**150** — . 775,8 + 16,508 + 91,492 + 58,65.
**151** — . 6,45 + 7,21 + 8,42 + 7,65 + 16,25.
**152** — . 8,56 + 16,32 + 18,54 + 17,15 + 12,40.
**153** . 7,15 + 54,05 + 18,36 + 64,95 + 28,05.
**154** . 9,25 + 101,95 + 8,75 + 17,24 + 95,35.
**155** — . 3,75 + 58,17 + 47,32 + 104,19 + 72,55.

## § III. — Problèmes écrits sur l'addition.

**156.** — Louis a 17 plumes dans une boîte et 25 dans une autre : combien a-t-il de plumes en tout ?

**157.** — Le mois de janvier a 31 jours, le mois de février 28 et le mois de mars 31 jours. Combien ces trois mois ont-ils de jours ?

**158.** — Un entrepreneur reçoit deux voitures de plâtre ; la première contient 87 sacs et la seconde 79. Combien a-t-il reçu de sacs ?

**159.** — Quel est le prix de deux chevaux, si l'un vaut 1 235 francs et l'autre 985 francs ?

**160.** — Un épicier paye 328 francs pour un sac de café, 137 francs pour un sac de poivre et 26 francs pour un sac de riz. Combien a-t-il déboursé en tout ?

**161.** — La première classe d'une école a 35 élèves, la deuxième en a 48 et la troisième 56. Quel est le nombre d'élèves de cette école ?

**162.** — On a coupé dans une forêt 248 chênes, 315 hêtres, 268 bouleaux et 159 sapins. Quel est le nombre total des arbres qui ont été abattus ?

**163.** — On demande le poids de trois caisses qui pèsent la première 635 kilogrammes, la deuxième 593 kilogrammes et la troisième 478 kilogrammes.

**164.** — Un boucher a acheté une vache 645 francs et un bœuf qui vaut 277 francs de plus. Quelle est la somme payée pour cet achat ?

**165.** — Un fermier achète une voiture 672 francs, un cheval 490 francs et les harnais du cheval 175 francs. Combien a-t-il dépensé en tout?

**166.** — Quelle est la contenance de trois tonneaux, le premier contenant 228 litres, le second 223 et le troisième 225?

**167.** — Un propriétaire a acheté une maison 26 425 fr.: combien doit-il la revendre pour gagner 5 890 francs?

**168.** — On paye pour un sac de blé 35$^f$,65, pour un sac de seigle 29$^f$,45, pour un sac d'orge 27$^f$,70. Combien a-t-on payé en tout?

**169.** — On met dans un sac 785 francs en or, 496$^f$,50 en argent et 17$^f$,80 en monnaie de cuivre. Quelle somme contient le sac?

**170.** — Un marchand achète une vieille armoire 94$^f$,25; il y fait faire pour 18$^f$,50 de réparations. Combien doit-il la vendre pour gagner 17 francs?

**Observation.** — Dans l'écriture des nombres décimaux, il faut éviter la mauvaise habitude trop répandue de couper le nombre décimal en deux parties en mettant le nom de l'unité entière entre le chiffre des unités et celui des dixièmes, comme dans 12 mètres 8, dans 42 francs 25.

La seule séparation convenable est celle qui est faite par la virgule au-dessus de laquelle on place la lettre initiale du nom de l'unité : 12$^m$,8 et 42$^f$,25.

## Recommandations
### au sujet de la résolution des problèmes.

1° Éviter les explications trop longues et les mots inutiles tels que les pronoms relatifs et la conjonction *si*, et ne faire que des phrases courtes prenant une ligne ou deux au plus.

2° Disposer l'indication des opérations dans le raisonnement de la manière la plus claire, comme dans une facture, quand il s'agit d'addition et de soustraction, ou sur une seule ligne quand il s'agit d'indiquer une multiplication ou une division ; c'est ce qui se montre dans les trois problèmes suivants, que nous donnerons pour exemple.

**Problème 1.** — *On a payé pour un sac de blé 35ᶠ,65, pour un sac de seigle 29ᶠ,45, pour un sac d'orge 27ᶠ,70. Combien redoit-on au vendeur après qu'on lui a donné 58 francs en acompte?*

Le total à payer comprend :

| | |
|---|---:|
| Pour le sac de blé. . . . . . . . . . . . . . . | 35ᶠ,65 |
| Pour le sac de seigle. . . . . . . . . . . . . | 29ᶠ,45 |
| Pour le sac d'orge. . . . . . . . . . . . . . | 27ᶠ,70 |
| Total à payer. . . . . | 92ᶠ,80 |
| A ôter l'acompte. . . . . . . . | 58ᶠ |
| Reste. . . . . . . . . | 34ᶠ,80 |

*Réponse.* — L'acheteur redoit 34ᶠ,80.

**Problème 2.** — *Dans une usine on brûle 367 kilogrammes de charbon par jour. Combien en a-t-on brûlé pendant les deux mois de mars et d'avril?*

| | |
|---|---:|
| Le nombre des jours de travail a été pendant le mois de mars. . . . . . . . . . . . . . . . . . | 31 |
| Pendant le mois d'avril . . . . . . . . . . . . . . | 30 |
| Total. . . . . . | 61 jours. |

Chaque jour on a brûlé 367 kilogrammes de charbon.
La quantité brûlée en ces deux mois est :

$$367 \text{ kg.} \times 61 = 22387 \text{ kilogr.}$$

*Réponse.* — On a brûlé **22387** kilog. de charbon ou **223** quintaux 87 kilogrammes.

**Observation.** — Les élèves devront toujours placer les opérations sur la marge de gauche, quand elles doivent être faites à part, comme celle de 367 par 61 où il y a deux produits partiels à additionner ensemble.

Si on n'avait à multiplier 367 que par un nombre d'un seul chiffre, 6 par exemple, on n'aurait pas à l'écrire en marge, car elle se fait sur l'indication même

$$367 \times 6 = 2202.$$

# CHAPITRE IV

## SOUSTRACTION DES NOMBRES ENTIERS ET DÉCIMAUX

**45. Problème**. — *D'une pièce de toile ayant 68 mètres de longueur on a détaché un coupon de 43 mètres. Quelle est la longueur du reste ?*

On connaîtra le reste en ôtant les 4 dizaines et les 3 unités du deuxième nombre des 6 dizaines et des 8 unités du premier : c'est ce qu'on appelle *soustraire*.

**Définition**. — La soustraction est une opération par laquelle on retranche un nombre d'un autre nombre de même nature.

Le résultat de la soustraction se nomme *reste*, *différence*, *excès*.

**46.** — Pour indiquer que deux nombres doivent être retranchés l'un de l'autre, on écrit le plus petit à la suite du plus grand, en les séparant par ce signe —, qui se prononce *moins*.

La soustraction du petit problème précédent sera ainsi indiquée :

$$68^m - 43^m$$

ce qu'on lit en disant :

$$68^m \ moins \ 43^m.$$

**47.** — Pour soustraire un nombre d'un autre nombre, on peut retrancher une à une du grand nombre chacune des unités du petit.

Soit à retrancher 3 de 8.

On dira : 8 moins 1 donne 7 ; 7 moins 1 donne 6 ; 6 moins 1 donne 5. Ainsi, 3 ôtés de 8, il reste 5.

**48.** — On peut aussi trouver le reste en cherchant ce qui manque au petit nombre pour égaler le grand. Qu'on demande à un enfant de la classe, par exemple, de soustraire 8 sous de 12 sous, il dira, en ouvrant un doigt, 9 ; puis le second doigt, 10 ; puis le troisième doigt, 11 ; enfin le quatrième doigt, 12. Il a ouvert 4 doigts ; donc 8 ôtés de 12 il reste 4.

Ce procédé est souvent pratiqué chez les marchands quand ils doivent rendre de la monnaie à un acheteur. Par exemple, une personne achetant un objet qui coûte 14 sous présente une pièce de 20 sous pour le payement. Le marchand donne l'objet, c'est-à-dire 14 sous ; puis il ajoute 1 sou en disant 15, un 2ᵉ sou en disant 16, un 3ᵉ sou en disant 17 ; un 4ᵉ sou en disant 18, un 5ᵉ en disant 19 et enfin un 6ᵉ en disant 20.

**49.** — Pour faire plus rapidement la soustraction, il faut savoir par cœur la différence qui existe entre un nombre d'un chiffre et un autre nombre qui ne dépasse pas le premier de 10.

C'est ce qui est indiqué dans la table suivante :

# Table de soustraction.

| | | | | | |
|---|---|---|---|---|---|
| 1 ôté de 1 reste 0 | 4 ôté de 4 reste 0 | 7 ôté de 7 reste 0 |
| 1 ôté de 2 reste 1 | 4 ôté de 5 reste 1 | 7 ôté de 8 reste 1 |
| 1 ôté de 3 reste 2 | 4 ôté de 6 reste 2 | 7 ôté de 9 reste 2 |
| 1 ôté de 4 reste 3 | 4 ôté de 7 reste 3 | 7 ôté de 10 reste 3 |
| 1 ôté de 5 reste 4 | 4 ôté de 8 reste 4 | 7 ôté de 11 reste 4 |
| 1 ôté de 6 reste 5 | 4 ôté de 9 reste 5 | 7 ôté de 12 reste 5 |
| 1 ôté de 7 reste 6 | 4 ôté de 10 reste 6 | 7 ôté de 13 reste 6 |
| 1 ôté de 8 reste 7 | 4 ôté de 11 reste 7 | 7 ôté de 14 reste 7 |
| 1 ôté de 9 reste 8 | 4 ôté de 12 reste 8 | 7 ôté de 15 reste 8 |
| 1 ôté de 10 reste 9 | 4 ôté de 13 reste 9 | 7 ôté de 16 reste 9 |
| 2 ôté de 2 reste 0 | 5 ôté de 5 reste 0 | 8 ôté de 8 reste 0 |
| 2 ôté de 3 reste 1 | 5 ôté de 6 reste 1 | 8 ôté de 9 reste 1 |
| 2 ôté de 4 reste 2 | 5 ôté de 7 reste 2 | 8 ôté de 10 reste 2 |
| 2 ôté de 5 reste 3 | 5 ôté de 8 reste 3 | 8 ôté de 11 reste 3 |
| 2 ôté de 6 reste 4 | 5 ôté de 9 reste 4 | 8 ôté de 12 reste 4 |
| 2 ôté de 7 reste 5 | 5 ôté de 10 reste 5 | 8 ôté de 13 reste 5 |
| 2 ôté de 8 reste 6 | 5 ôté de 11 reste 6 | 8 ôté de 14 reste 6 |
| 2 ôté de 9 reste 7 | 5 ôté de 12 reste 7 | 8 ôté de 15 reste 7 |
| 2 ôté de 10 reste 8 | 5 ôté de 13 reste 8 | 8 ôté de 16 reste 8 |
| 2 ôté de 11 reste 9 | 5 ôté de 14 reste 9 | 8 ôté de 17 reste 9 |
| 3 ôté de 3 reste 0 | 6 ôté de 6 reste 0 | 9 ôté de 9 reste 0 |
| 3 ôté de 4 reste 1 | 6 ôté de 7 reste 1 | 9 ôté de 10 reste 1 |
| 3 ôté de 5 reste 2 | 6 ôté de 8 reste 2 | 9 ôté de 11 reste 2 |
| 3 ôté de 6 reste 3 | 6 ôté de 9 reste 3 | 9 ôté de 12 reste 3 |
| 3 ôté de 7 reste 4 | 6 ôté de 10 reste 4 | 9 ôté de 13 reste 4 |
| 3 ôté de 8 reste 5 | 6 ôté de 11 reste 5 | 9 ôté de 14 reste 5 |
| 3 ôté de 9 reste 6 | 6 ôté de 12 reste 6 | 9 ôté de 15 reste 6 |
| 3 ôté de 10 reste 7 | 6 ôté de 13 reste 7 | 9 ôté de 16 reste 7 |
| 3 ôté de 11 reste 8 | 6 ôté de 14 reste 8 | 9 ôté de 17 reste 8 |
| 3 ôté de 12 reste 9 | 6 ôté de 15 reste 9 | 9 ôté de 18 reste 9 |

## Manière de faire la soustraction.

**50. 1ᵉʳ Cas.** — *Les chiffres du petit nombre sont tous plus faibles que les chiffres correspondants du grand.* Soit à retrancher 5 624 de 9 787.

Après avoir écrit le petit nombre au-dessous du grand,
de manière que les unités soient sous les
unités, les dizaines sous les dizaines, les
centaines sous les centaines, etc.; je tire
un trait au-dessous du petit nombre et je
dis, en commençant par la première

```
    9787
    5624
        ____
Reste   4163
```

colonne à droite :

4 ôtés de 7 reste 3, que j'écris au-dessous du trait dans
la même colonne :

2 ôtés de 8 reste 6, j'écris 6 :

6 ôtés de 7 reste 1, j'écris 1 :

5 ôtés de 9 reste 4, j'écris 4.

Le reste est 4163.

**51. 2ᵉ Cas.** — *Un ou plusieurs chiffres du petit
nombre sont plus forts que les chiffres correspondants
du grand nombre.*

Lorsqu'un chiffre du petit nombre est plus fort que le
chiffre correspondant du grand, on augmente de 10 la
valeur de ce dernier chiffre, et l'on opère comme à l'ordinaire; mais on a soin d'ajouter 1 à la valeur du chiffre
suivant du petit nombre.

Soit à retrancher 5698 de 8736.

Après avoir écrit le petit nombre au-dessous du plus grand et tiré un trait,
je dis :

```
    8736
    5698
        ____
Reste   3038
```

8 ôtés de 16 reste 8, que j'écris sous le
trait et je retiens 1.

1 de retenue et 9 font 10; 10 ôtés de 13 reste 3, que
j'écris, je retiens 1.

1 de retenue et 6 font 7; 7 ôtés de 7 reste 0, que j'écris;
5 ôtés de 8 reste 3.

Le reste de la soustraction est 3038 [1].

---

[1] En ajoutant 10 à 6 on augmente de 1 dizaine le nombre supérieur; puis
on augmente de 1 le chiffre des dizaines du nombre inférieur, on a augmenté
les deux nombres de 10; leur différence n'est pas changée.

En effet, si deux amis ont l'un 8 sous et l'autre 5 sous, la différence est de
3 sous. Qu'on donne à chacun une pièce de 2 sous, la différence des deux
sommes reste 3 après comme auparavant.

**52. Remarque.** — Nous n'avons pas dit : 8 ôtés de 6 : cela ne se peut, mais bien : 8 ôtés de 16 reste 8 : c'est toujours de cette manière qu'on doit parler.

De même pour retrancher 43170 de 48065 on dit :

0 ôté de 5 reste 5, que j'écris.

7 ôtés de 16, reste 9, et je retiens 1.

1 et 1 font 2, 2 ôtés de 10 reste 8, et je retiens 1.

1 et 3 font 4, 4 ôtés de 8 reste 4.

4 ôtés de 4 reste 0, qu'il est inutile d'écrire, parce qu'il est le dernier chiffre à gauche du résultat.

$$\begin{array}{r} 48\,065 \\ 43\,170 \\ \hline \text{Reste}\quad 4\,895 \end{array}$$

**53. Soustraction des nombres décimaux.** — La soustraction des nombres décimaux se fait comme celle des nombres entiers, en ayant soin de mettre aussi le chiffre des dixièmes sous celui des dixièmes, etc.; puis dans le résultat on place une virgule dans la colonne des virgules.

Soit à retrancher 32,48 de 56,71.

Après avoir écrit le petit nombre au-dessous du grand, je dis : 8 ôtés de 11 reste 3 et je retiens 1 ; 1 de retenue et 4 font 5 ; 5 ôtés de 7 reste 2 ;

$$\begin{array}{r} 56,71 \\ 32,48 \\ \hline \text{Reste}\quad 24,23 \end{array}$$

2 ôtés de 6 reste 4 ; 3 ôtés de 5 reste 2.

Le reste est 24,23, c'est-à-dire 24 unités 23 centièmes.

**Remarque.** — Si le plus grand nombre a moins de chiffres décimaux que le plus petit, on peut lui en donner autant en mettant sur sa droite un zéro à chaque place vide au-dessus du petit nombre.

Ainsi, pour retrancher 9,745 de 12,8, on retranchera 9,745 de 12,800 ; car la valeur du nombre décimal le plus grand n'a pas changé par l'inscription de ces deux zéros. (V. n° 16.)

**54. Preuve de la soustraction.** — Pour faire la preuve de la soustraction, on additionne le petit nombre avec le reste, et l'on doit retrouver le grand nombre.

Ainsi, pour faire la preuve de la soustraction précédente, il faut additionner 24,23 avec 32,48, et l'on doit trouver 56,71, sinon la soustraction a été mal faite.

------

# EXERCICES SUR LA SOUSTRACTION

## § I. — Exercices oraux.

**171.** — Jean avait reçu 8 sous pour acheter du papier et des plumes; il en a perdu 3. Combien lui en reste-t-il?

Combien aura-t-il si avec le reste il achète deux crayons pour 2 sous?

**172.** — D'un ruban de 10 mètres une modiste détache un morceau de 2 mètres. Quelle est la longueur du reste?

Si elle en détache encore un morceau de 3 mètres, que lui reste-t-il de tout le ruban?

**173.** — Deux sœurs ont l'une 11 ans et l'autre 8 ans. De combien l'aînée est-elle plus âgée que la cadette?

**174.** — D'un paquet de 12 crayons on en a pris 2, puis encore 2. Combien en reste-t-il?

**175.** — Marie avait reçu 9 sous de son père, et ayant rencontré une pauvre femme elle lui a payé une livre de pain pour 3 sous. Combien lui reste-t-il?

**176.** — Une cuisinière avait acheté une douzaine d'œufs; mais elle en a laissé tomber 3 qui se sont cassés. Combien lui en reste-t-il?

**177.** — Une famille avait reçu le matin une provision de 7 kilogrammes de pain; on en a mangé 3 kilogrammes dans la journée. Combien en reste-t-il pour le souper?

**178.** — Une marchande avait dans une boîte 15 paquets d'aiguilles. Combien en a-t-elle vendu, s'il ne lui en reste plus que 6?

**179.** — Dans une boîte qui contenait 16 plumes, on

en a pris une première fois 3, puis une seconde fois 3.
Combien en reste-t-il dans la boîte ?

**180.** — Un homme avait cueilli 18 pêches dans son
jardin ; on en a mangé 6 à dîner et 4 à souper. Combien
en reste-t-il ?

## § II. — Soustraction sur des nombres
## de deux chiffres.

**181.** — D'une pièce de toile de 24 mètres on a ôté un
coupon de 16 mètres. Quelle est la longueur du reste ?

De 24 mètres on ôte d'abord 10 mètres ; il en reste 14 ; de ce
reste 14 mètres on ôte 6 mètres et il en reste 8.
On opérera d'une manière analogue dans les exercices suivants.

**182.** — Un homme avait acheté une table pour
48 francs et en même temps il a donné en acompte
15 francs. Combien redoit-il ?

**183.** — Un boulanger qui a fourni pendant un mois
pour 36 francs de pain à une famille n'a reçu en payement
que 25 francs. Combien lui redoit-on ?

**184.** — De Paris à Melun il y a 45 kilomètres, et de
Paris à Fontainebleau 59 kilomètres. Quelle distance
y a-t-il de Melun à Fontainebleau ?

**185.** — Un tonneau contenait 80 litres de vin. Dans
l'espace d'un mois on en a tiré 67 litres. Combien y en
a-t-il encore dans le tonneau ?

**186.** — Il y a dans une école 62 élèves ; on en a fait
sortir 18 pour aller au catéchisme. Combien en reste-t-il
dans l'école ?

**187.** — Un vigneron a récolté 55 hectolitres de vin.
Combien lui en reste-t-il après qu'il en a vendu 27 ?

**188.** — Une caisse pleine de savon pèse 42 kilogrammes, et vide elle pèse 3 kilogrammes. Quel est le
poids du savon qu'elle contient encore, après qu'on en a
retiré 12 kilogrammes ?

**189.** — Un homme veut aller à pied de son village à

Lyon, en trois jours, la distance étant de 80 kilomètres. Le premier jour il parcourt 12 kilomètres et le deuxième jour 15 kilomètres. Quelle distance aura-t-il à parcourir le troisième jour ?

**190.**      Un homme ayant reçu 90 francs pour son travail au bout du mois a dépensé 28 francs pour payer son boulanger et 24 francs pour un demi-hectolitre de vin. Que lui reste-t-il ?

## § III. — Problèmes sur l'addition et la soustraction.

**191.**      Paul avait 15 francs, on lui donne 8 francs et le lendemain il perd 3 francs. Quelle somme a-t-il ?

**192.**      Un pantalon coûte 18 francs, un gilet coûte 11 francs de moins. Quel est le prix du gilet ?

**193.**      Un gilet coûte 15 francs, un pantalon coûte 18 francs de plus. Quel est le prix du pantalon ?

**194.**      Auguste avait 24 lignes à écrire, il en fait 15. Combien en a-t-il encore à écrire ?

**195.**      Le pont de Bordeaux, sur la Garonne, a 17 arches, le Pont-Neuf, sur la Seine, à Paris, en a 12. Combien ce dernier pont a-t-il d'arches de moins que le premier ?

**196.**      André a reçu une pièce de 10 francs pour payer un cartable de 4 francs et un livre de 3 francs. Quelle somme doit-on lui rendre ?

**197.**      Une bouteille pleine de vin coûte 75 centimes, la bouteille vide vaut 25 centimes. Quelle est la valeur du vin ?

**198.**      Un meuble ancien coûte 25 francs ; on y fait pour 8 francs de réparations, et l'on veut gagner 6 francs en le vendant. Combien doit-on le vendre ?

**199.**      Un franc vaut 100 centimes. Que manque-t-il à 75 centimes pour faire un franc ?

**200.**      Un siècle a 100 ans : combien manque-t-il d'années à un vieillard de 83 ans pour avoir un siècle ?

# Effectuer les soustractions suivantes :

201.  954—323;     567—125.     635—254.
      697—352;  206.  765—215;  211.  826—149;
      739—618.     918—143;     651—378;
202.  843—722;     819—311.     225—97.
      397—182;  207.  540—310;  212.  803—618;
      918—713.     497—145;     774—190.
203.  548—523;     719—348.  213.  375—198;
      198—72;  208.  375—192;     810—325;
      275—124.     872—625;     925—698.
204.  879—613;     819—721.  214.  802—708;
      978—224;  209.  943—618;     627—198;
      789—333.     975—429.     325—287.
205.  675—171;  210.  747—328;  215.  492—325;
      756—642;     553—267;     918—682.

216.      2908—1839;  223.      9,40 — 8,75;
          5075—4278;            16,24 — 9,95;
          7419—7278.            3,75 — 1,96.
217.      3072—1643;  224.      18,15 — 17,75;
          2225—1639;            39,25 — 9,75;
          1625—992.             74,05 — 38,74.
218.      6077—3092;  225.      3,148 — 1,695;
          2341—1436;            12,025 — 9,406;
          18705—9648.           28,406 — 25,975.
219.      20732—18695;  226.    9,48 — 3,745;
          34072—27237;          16,25 — 9,628;
          41200—40325.          49,5 — 29,751.
220.      54321—12345;  227.    426,25 — 375,148;
          67890—61991;          308,745 — 79,48;
          80735—75648.          916,15 — 875,46.
221.      92704—87358;  228.    908,24 — 900,09;
          19625—8941;           704,85 — 643,85;
          37092—29486.          816,74 — 596,79.
222.      7,92 — 6,85;  229.    124,5 — 88,4;
          12,74 — 9,28;         704,25 — 641,3;
          18,25 — 13,76.        1306,8 — 95,49.

2*

## Problèmes à résoudre par écrit.

**230.** — De Paris à Lyon il y a 512 kilomètres; de Lyon à Avignon 230 et d'Avignon à Marseille 121. Quelle est la distance de Paris à Marseille?

**231.** — Pour aller de Paris à Marseille un voyageur en deuxième classe a dépensé de Paris à Lyon 38$^f$,70; de Lyon à Avignon 17$^f$,40; d'Avignon à Marseille 9$^f$,15. Quelle somme a-t-il donnée au chemin de fer pour ce voyage?

**232.** — Une maison a été achetée 8790 francs; on l'a revendue 9435 francs. Combien a-t-on gagné?

**233.** — Un cultivateur a récolté 352 gerbes; il en a battu d'abord 128, puis 155. Combien en a-t-il encore à battre?

**234.** — Un marchand a acheté 1000 oranges; on lui en a livré 426. Combien lui en doit-on encore?

**235.** — Un tonneau contenait 220 litres de vin; on en a retiré 105 litres, puis 70 litres, puis 18 litres. Combien en reste-t-il encore?

**236.** — Un épicier avait 84 kilogrammes de sucre lorsqu'il en reçoit 100 kilogrammes; alors il en vend 116 kilogrammes. Combien en a-t-il encore?

**237.** — Émile reçoit 20 francs pour payer un livre qui coûte 3$^f$,75 et une boîte de dessin qui vaut 12$^f$,50. Quelle somme lui reste-t-il?

**238.** — On a acheté pour 4850 francs un pré ayant 124 mètres de longueur et 108 mètres de largeur, et une maison pour 3945 francs. On a donné sur cet achat total une somme de 6450 francs. Que redoit-on?

**239.** — Une école de quatre classes compte 310 élèves: la première en a 51, la seconde 67, la troisième 88. Quel est le nombre d'élèves de la quatrième?

**240.** — Quelle somme doit-on débourser pour payer une table de 16$^f$,25, une armoire de 24$^f$,75 et un fauteuil de 18$^f$,50?

**241.** — Un négociant achète 980 kilogrammes de café;

en lui livre trois sacs qui pèsent, le premier 125 kilogrammes, le second 138 kilogrammes, et le troisième 128 kilogrammes. Combien doit-on encore lui livrer de kilogrammes?

**242.** — Dans une bourse il y avait 18$^f$,50: on en a retiré 12 francs; puis on y a mis 20$^f$,75. Quelle somme y a-t-il alors dans la bourse?

**243.** — Une famille a reçu 28$^f$,50 pour le travail de la semaine, et elle a dépensé pour 3$^f$,25 de pain, pour 6$^f$,50 de viande, et pour 9 francs d'autres provisions. Quelle somme reste-t-il?

**244.** — Que reste-t-il à un ouvrier qui vient de recevoir 180 francs pour un mois de travail, s'il a dépensé 48 francs pour sa nourriture, 20 francs pour son loyer, 45$^f$,60 pour son habillement, et pour divers frais 17$^f$,45?

**245.** — Un marchand a reçu dans une journée les sommes suivantes : 3$^f$,75, 8$^f$,50, 2$^f$,85, 5 francs, 7$^f$,60. Il a déboursé une fois 6$^f$,30, et une autre fois 9$^f$,35. Que lui reste-t-il?

**246.** — Un marchand a vendu dans la première semaine du mois pour 782$^f$,50; dans la deuxième semaine pour 836$^f$,45; dans la troisième semaine pour 658$^f$,75; dans la quatrième semaine pour 596$^f$,00. Quelle somme a-t-il retirée de ces quatre ventes?

**247.** — D'une garnison qui comptait 1 206 soldats, on a fait partir un jour 258 soldats et un autre jour 315 soldats. Combien en reste-t-il?

**248.** — Un marchand a reçu par le chemin de fer trois voitures de charbon, la première contenant 145 quintaux, la deuxième 208 quintaux, la troisième 214 quintaux. Quel est le poids total de ce chargement de charbon?

**249.** — Un boulanger a acheté trois sacs de farine. Le premier, pesant 148 kilogrammes, lui coûte 62 francs; le deuxième, pesant 156 kilogrammes, coûte 71$^f$,50; le troisième, pesant 159 kilogrammes, coûte 73$^f$,25. Quel est le poids total de la farine et la somme déboursée pour la payer?

# CHAPITRE V

## MULTIPLICATION

**55. Problème.** — *Un homme a acheté 3 pièces de drap coûtant chacune 246 francs. Quelle somme doit-il payer?*

On trouvera cette somme en additionnant 246 fr. avec 246 fr., et avec 246 fr., c'est-à-dire en faisant la somme de trois nombres égaux à 246, ce qui donne le total 738 francs.

Or si l'on sait par cœur combien font 3 fois 6 unités, 3 fois 4 dizaines et 3 fois 2 centaines, l'opération sera plus tôt faite que par l'addition. Cette addition se nomme *multiplication*.

$$\begin{array}{r} 246 \\ 246 \\ 246 \\ \hline 738 \end{array}$$

**Définition.** — *La* **multiplication** *d'un nombre par un autre est une opération par laquelle on trouve un 3ᵉ nombre qui vaut autant de fois le 1ᵉʳ que le 2ᵉ contient d'unités.*

Le 1ᵉʳ nombre, celui qui doit être multiplié, s'appelle *multiplicande*, le 2ᵉ *multiplicateur*, et le résultat *produit*.

Deux nombres qui sont multipliés l'un par l'autre s'appellent *facteurs* du produit.

**56.** — Pour indiquer que deux nombres sont multipliés entre eux, on peut les écrire l'un à la suite de l'autre en les séparant par ce signe $\times$ qui se prononce *multiplié par*.

Pour indiquer par exemple que 17 doit être multiplié par 8, on écrit $17 \times 8$, qu'on lit en disant 17 *multiplié par 8*.

**57.** — Pour faire rapidement la multiplication, il faut savoir par cœur les produits qu'on obtient en multipliant entre eux deux nombres d'un seul chiffre. Ces produits qu'on trouve par l'addition, sont contenus dans la table suivante appelée *table de multiplication*.

## Table de multiplication.

| | | |
|---|---|---|
| 2 fois 1 font 2 | 5 fois 1 font 5 | 8 fois 1 font 8 |
| 2 fois 2 font 4 | 5 fois 2 font 10 | 8 fois 2 font 16 |
| 2 fois 3 font 6 | 5 fois 3 font 15 | 8 fois 3 font 24 |
| 2 fois 4 font 8 | 5 fois 4 font 20 | 8 fois 4 font 32 |
| 2 fois 5 font 10 | 5 fois 5 font 25 | 8 fois 5 font 40 |
| 2 fois 6 font 12 | 5 fois 6 font 30 | 8 fois 6 font 48 |
| 2 fois 7 font 14 | 5 fois 7 font 35 | 8 fois 7 font 56 |
| 2 fois 8 font 16 | 5 fois 8 font 40 | 8 fois 8 font 64 |
| 2 fois 9 font 18 | 5 fois 9 font 45 | 8 fois 9 font 72 |
| 3 fois 1 font 3 | 6 fois 1 font 6 | 9 fois 1 font 9 |
| 3 fois 2 font 6 | 6 fois 2 font 12 | 9 fois 2 font 18 |
| 3 fois 3 font 9 | 6 fois 3 font 18 | 9 fois 3 font 27 |
| 3 fois 4 font 12 | 6 fois 4 font 24 | 9 fois 4 font 36 |
| 3 fois 5 font 15 | 6 fois 5 font 30 | 9 fois 5 font 45 |
| 3 fois 6 font 18 | 6 fois 6 font 36 | 9 fois 6 font 54 |
| 3 fois 7 font 21 | 6 fois 7 font 42 | 9 fois 7 font 63 |
| 3 fois 8 font 24 | 6 fois 8 font 48 | 9 fois 8 font 72 |
| 3 fois 9 font 27 | 6 fois 9 font 54 | 9 fois 9 font 81 |
| 4 fois 1 font 4 | 7 fois 1 font 7 | 10 fois 1 font 10 |
| 4 fois 2 font 8 | 7 fois 2 font 14 | 10 fois 2 font 20 |
| 4 fois 3 font 12 | 7 fois 3 font 21 | 10 fois 3 font 30 |
| 4 fois 4 font 16 | 7 fois 4 font 28 | 10 fois 4 font 40 |
| 4 fois 5 font 20 | 7 fois 5 font 35 | 10 fois 5 font 50 |
| 4 fois 6 font 24 | 7 fois 6 font 42 | 10 fois 6 font 60 |
| 4 fois 7 font 28 | 7 fois 7 font 49 | 10 fois 7 font 70 |
| 4 fois 8 font 32 | 7 fois 8 font 56 | 10 fois 8 font 80 |
| 4 fois 9 font 36 | 7 fois 9 font 63 | 10 fois 9 font 90 |

**58. Remarque.** — On voit dans la table de multiplication que 3 fois 2 font 6, et que 2 fois 3 font aussi 6; que 5 fois 8 font 40, et que 8 fois 5 font aussi 40, etc. Cela montre que le produit de deux nombres ne change pas quand on met le multiplicande à la place du multiplicateur.

## Manière de faire la multiplication.

**59. 1er Cas.** — Pour multiplier un nombre entier par 10, par 100, par 1 000 on écrit sur sa droite un zéro pour 10, deux zéros pour 100, trois zéros pour 1 000.

Ainsi 10 fois 24 font 240; 100 fois 24 font 2 400.

En effet, 24 unités devient 24 dizaines, quand on écrit un zéro sur sa droite.

**60. 2me Cas.** — *Le multiplicateur n'a qu'un chiffre.*
Soit à multiplier 846 par 3.

On écrit 3 sous le 1er chiffre à droite du multiplicande et sous 3 on tire un trait, puis on dit en commençant par la droite :

846    multiplicande.    3 fois 6 font 18; j'écris 8 unités
3    multiplicateur.    sous le 3 et je retiens 1 dizaine ;
—————
2538    produit.

3 fois 4 font 12 dizaines et 1 de retenue font 13 ; j'écris 3 dizaines et je retiens 1 centaine ;

3 fois 8 font 24 centaines et 1 de retenue font 25 centaines ; j'écris 25.

Le produit est 2538.

**Remarques.** — 1° Si dans le multiplicande il y a des zéros, l'opération se fait de la même manière, en remarquant que la multiplication d'un zéro du multiplicande ne donne rien.

Soit 806 à multiplier par 3.

806    On dira comme plut haut : 3 fois 6 font
3    18 ; j'écris 8 unités et j'écris une dizaine à
—————    droite, puisqu'il n'y a pas de dizaine dans le
2418    multiplicande.

2° Pour avoir le double d'un nombre, il faut multiplier ce nombre par 2; pour en avoir le triple, il faut le multiplier par 3; pour en avoir le quadruple, il faut le multiplier par 4, etc.

**61.** **3ᵐᵉ Cas.** — *Le multiplicateur a plusieurs chiffres.*

Quand le multiplicateur a plusieurs chiffres, on écrit le multiplicateur sous le multiplicande en plaçant le premier chiffre à droite du multiplicateur sous le premier chiffre à droite du multiplicande et sous le multiplicateur on tire un trait.

On multiplie ensuite le multiplicande par le premier chiffre à droite du multiplicateur, comme dans le cas précédent ; on place ce produit sous le trait, en mettant son premier chiffre à droite dans la colonne du premier chiffre des deux facteurs. On multiplie de même le multiplicande par le chiffre des dizaines, par le chiffre des centaines du multiplicateur ; on place ces produits sous le précédent en ayant soin de mettre le premier chiffre à droite sous le chiffre correspondant du multiplicateur. On fait ensuite l'addition de tous ces produits qu'on appelle *produits partiels.*

Soit à multiplier 1 806 par 457.

$$
\begin{array}{rl}
1\,806 & \text{multiplicande.} \\
457 & \text{multiplicateur.} \\
\hline
12\,642 & \\
90\,30 & \\
722\,4 & \\
\hline
825\,342 & \text{produit.}
\end{array}
$$

Après avoir écrit 457 au-dessous de 1 806 et tiré un trait, je multiplie 1 806 par 7 en disant :

7 fois 6 font 42, j'écris 2 et je retiens 4.

7 fois 0 et 4 de retenue font 4 que j'écris.

7 fois 8 font 56, j'écris 6 et je retiens 5.

7 fois 1 font 7, 7 et 5 de retenue font 12, que j'écris.

Je multiplie par 5 dizaines :

5 fois 6 font 30, j'écris 0 au-dessous du 5 et je retiens 3.

5 fois 0 et 3 de retenue font 3 que j'écris.

5 fois 8 font 40, j'écris 0 et je retiens 4.

5 fois 1 font 5, 5 et 4 de retenue font 9, que
j'écris.

Je multiplie par 4 centaines :

4 fois 6 font 24, j'écris 4 au-dessous du 4 et je
retiens 2.

4 fois 0 et 2 de retenue font 2, que j'écris.

4 fois 8 font 32, j'écris 2 et je retiens 3.

4 fois 1 font 4, et 3 de retenue font 7 que j'écris.

J'additionne les trois produits partiels après avoir sou-
ligné le dernier, et je dis :

J'écris 2 sous le trait, à gauche j'écris les 4 dizaines ;

6 et 3 font 9, 9 et 4 font 13, j'écris 3 centaines et je
retiens 1 mille ;

1 de retenue et 2 font 3, 3 et 2 font 5 mille, que j'écris ;

1 et 9 font 10, 10 et 2 font 12, j'écris 2 dizaines de
mille et je retiens 1 centaine de mille ;

1 de retenue et 7 font 8 centaines de mille que j'écris.
Le produit total est 825 342.

**62.** — Soit encore à multiplier 3 648 par 308.

$$
\begin{array}{r}
3648 \\
308 \\
\hline
29184 \\
10944 \\
\hline
1123584
\end{array}
$$

Après avoir écrit le multiplicateur au-
dessous du multiplicande, je dis :

8 fois 8 font 64, j'écris 4 et je retiens 6.

8 fois 4 font 32, 32 et 6 font 38, j'écris 8 et je retiens 3.

8 fois 6 font 48, 48 et 3 font 51, j'écris 1 et je retiens 5.

8 fois 3 font 24, 24 et 5 font 29, que j'écris.

0 ne compte pas, je le passe.

Je multiplie par 3 centaines en disant :

3 fois 8 font 24, j'écris 4 au-dessous du 3 et je
retiens 2.

3 fois 4 font 12, 12 et 2 font 14, j'écris 4 et je
retiens 1.

3 fois 6 font 18, 18 et 1 font 19, j'écris 9 et je
retiens 1.

3 fois 3 font 9, 9 et 1 font 10, que j'écris.

J'additionne les deux produits partiels et je trouve 1123584 pour produit total.

**63. Facteurs terminés par un ou plusieurs zéros.** — Quand l'un des facteurs ou tous les deux sont terminés par des zéros, on fait la multiplication comme si les zéros n'existaient pas, mais on a soin d'écrire ces zéros à droite du premier chiffre du produit.

6300
240
—
252
126
—
1512000

Soit à multiplier 6300 par 240.

Après avoir écrit 240 au-dessous de 6300, je multiplie 63 par 24, ce qui donne 1512 pour produit. A la droite de ce produit j'écris les trois zéros qui sont sur la droite de 63 et de 24.

Le produit est 1512000.

## Multiplication des nombres décimaux.

**64. 1ᵉʳ Cas.** — Pour multiplier un nombre décimal par 10, il faut avancer la virgule d'un rang vers la droite; pour le multiplier par 100, il faut avancer la virgule de deux rangs; pour le multiplier par 1000, il faut avancer la virgule de trois rangs, etc.

Le nombre 32,65 multiplié par 10 devient 326,5;

le nombre 6,49 multiplié par 100 devient 649.

Si le nombre ne contient pas assez de chiffres décimaux, on écrit à la suite du dernier chiffre décimal un nombre suffisant de zéros pour que le déplacement de la virgule puisse s'effectuer.

Le nombre 7,5 multiplié par 100 devient 750;

et le nombre 24,31 multiplié par 1000 devient 24310.

**2ᵐᵉ Cas. Règle générale.** — Pour multiplier entre eux deux nombres décimaux ou seulement un nombre décimal par un nombre entier, on opère comme pour les nombres entiers, sans faire attention aux virgules; puis sur la droite du produit on sépare à l'aide d'une virgule autant de chiffres décimaux qu'il y en a dans les deux facteurs.

Soit à multiplier 15,3 par 4,28.

$$
\begin{array}{r}
15,3 \\
4,28 \\
\hline
1224 \\
306 \\
612 \\
\hline
65,484
\end{array}
$$

En opérant sans faire attention à la virgule des facteurs, on obtient pour produit 65484. Puis comme il y a trois chiffres décimaux dans les deux facteurs, on en sépare aussi trois sur la droite du produit trouvé, ce qui donne pour le produit demandé 65,484.

**Remarque.** — En écrivant les deux facteurs l'un sous l'autre, on doit écrire le premier chiffre à droite du multiplicateur sous le premier chiffre à droite du multiplicande, quand même ces deux chiffres n'exprimeraient pas des unités de même ordre.

Ainsi pour faire la multiplication de 132,4 par 0,658 on écrira :

$$
\begin{array}{r}
132,4 \\
0,658 \\
\hline
\end{array}
\qquad \text{et non} \qquad
\begin{array}{r}
132,4 \\
0,658 \\
\hline
\end{array}
$$

**65. Preuve de la multiplication.** — Pour faire la preuve de la multiplication, on refait l'opération en changeant l'ordre des facteurs, c'est-à-dire en mettant le multiplicande à la place du multiplicateur. Si l'on a bien opéré, on doit trouver le même produit dans les deux cas (V. n° 58).

$$
\begin{array}{cc}
\text{Multiplication.} & \text{Preuve.} \\
643 & 528 \\
528 & 643 \\
\hline
5144 & 1584 \\
1286 & 2112 \\
3215 & 3168 \\
\hline
339504 & 339504
\end{array}
$$

# Problèmes sur l'addition,
## la soustraction et la multiplication.

*1° Problèmes à résoudre mentalement.*

**250.** — Un sou vaut 5 centimes. Combien y a-t-il de centimes dans 3 sous, dans 6 sous, dans 8 sous, dans 7 sous, dans 9 sous, dans 11 sous, dans 20 sous?

**251.** — Une lieue a 4 kilomètres. Combien y a-t-il de kilomètres dans 5 lieues, dans 8 lieues, dans 6 lieues, dans 9 lieues, dans 11 lieues, dans 20 lieues?

**252.** — Une semaine a 7 jours. Combien y a-t-il de jours dans 4 semaines, dans 6 semaines, dans 8 semaines, dans 9 semaines, dans 11 semaines, dans 20 semaines, dans 30 semaines?

**253.** — Lorsqu'une tablette de chocolat coûte 3 fr., combien coûteront 4 tablettes, 7 tablettes, 9 tablettes, 11 tablettes, 15 tablettes, 20 tablettes?

**254.** — Pour payer un chapeau on donne une pièce de 5 fr. et deux pièces de 2 fr. Quel est le prix du chapeau?

**255.** — Un livre vaut 3 francs; un second livre vaut le double du premier. Quelle somme faut-il pour payer ces deux livres?

**256.** — Un homme doit 22 fr.; pour les payer il donne 5 pièces de 5 francs. Que doit-on lui rendre?

**257.** — Un ouvrier avait 4 pièces de 10 fr., il n'a plus maintenant que 7 fr. Quelle somme a-t-il dépensée?

**258** — Un enfant avait 3 pièces de 5 fr., il a dépensé 12 fr. Que lui reste-t-il?

**259.** — Paul a reçu une pièce de 50 centimes pour payer 3 cahiers de 10 centimes. Combien doit-on lui rendre?

**260.** — Une cuisinière achète un poulet 3 fr. et une pièce de beurre 2f,50. Combien lui manque-t-il pour payer ces achats, si elle n'a que 5 francs?

**261**. — Que reste-t-il d'un cent d'œufs quand on en a vendu 5 douzaines?

**262**. — Quelle somme font 12 pièces de 10 fr. et 3 pièces de 5 francs?

**263**. — Un miroir a été acheté 3$^f$,25; le cadre vaut 1$^f$,25. Quel est le prix de la glace?

**264**. — Une chaise vaut 2 fr.: un petit fauteuil vaut le triple. Quel est le prix total des deux sièges?

**265**. — Ernest reçoit 1 franc pour acheter 4 timbres de 15 centimes et 3 timbres de 10 centimes. Que doit-on lui rendre?

**266**. — Une semaine a 7 jours. Combien y a-t-il de jours dans 5 semaines, dans 6 semaines, dans 10 semaines?

**267**. — Quel est le triple de 20 francs, de 30 francs de 40 francs?

**268**. — Un entrepreneur emploie 19 ouvriers à qui il donne 4 francs par jour. Quelle somme dépense-t-il chaque jour pour les payer?

**269**. — Combien y a-t-il de jours dans 4 mois de 30 jours?

**270**. — Combien coûtent 8 mètres de drap à 17 fr. le mètre?

**271**. — Une pièce de 5 fr. en argent pèse 25 grammes. Combien pèsent 45 pièces?

**272**. — Combien doit-on payer pour 3 arbres, si le premier coûte 45 fr. et chacun des autres 38 francs?

### 2° *Problèmes à résoudre par écrit.*

**273**. — Un tonneau contient 228 litres : combien y a-t-il de litres dans 36 tonneaux de même grandeur?

**274**. — Combien doit-on payer par 3 douzaines de chemises, à raison de 4 francs la chemise?

**275**. — Un ouvrier gagne 6$^f$,50 par jour et son fils aîné 2$^f$,50. Quelle somme faudra-t-il pour leur payer 12 journées de travail?

**276**. — Un marchand a vendu 350 planches; il en a

déjà livré 3 voitures qui contiennent chacune 75 planches. Combien en doit-il encore?

**277.** — Combien doit-on payer pour 18 sacs de blé à 20$^f$,50 et 12 sacs d'orge à 24 francs?

**278.** — Que doit-on débourser pour payer 135 kilogrammes de pain à 0$^f$,45 le kilogramme?

**279.** — Un couvreur gagne 5$^f$,75 par jour. Combien aura-t-il gagné en 36 jours?

**280.** — Que doit-on rendre à un voyageur qui donne une pièce de 20 fr. pour payer 3 places à raison de 4 fr. 50 la place?

**281.** — Quelle somme faut-il pour payer une paire de souliers qui coûtent 12$^f$,50 et deux paires de bottes qui valent chacune 12 fr. de plus que les souliers?

**282.** — Un régiment de cavalerie compte 784 chevaux. Quel est le prix de ces chevaux, si chaque cheval vaut 578 francs?

**283.** — Le poêle de la classe a coûté 18$^f$,25 et les tuyaux 6$^f$,25. Quel est le prix total pour 3 poêles?

**284.** — Une fontaine donne 3419 litres par heure. Combien en donne-t-elle en 24 heures?

**285.** — Un jour a 24 heures : combien y a-t-il d'heures dans 2 mois de 30 jours et 1 mois de 31 jours?

**286.** — Dans une usine on brûle 3671 kilogrammes de charbon par jour. Combien en brûlera-t-on pendant 2 mois, l'un de 31 jours, l'autre de 28?

**287.** — Un litre d'eau de mer pèse 1025 grammes ; un litre d'eau ordinaire pèse 1000 grammes. Combien 15 litres d'eau de mer pèsent-ils plus que 15 litres d'eau ordinaire?

**288.** — Une maison a 14 croisées, chaque croisée a 6 carreaux, et chaque carreau a coûté 2$^f$,45. Quel est le prix de tous ces carreaux?

**289.** — Un coutelier vend 6 douzaines de couteaux à raison de 1$^f$,25 le couteau, et 3 douzaines de rasoirs à raison ne 2$^f$,25 le rasoir. Quelle somme retire-t-il de cette vente?

# EXERCICES SUR LA MULTIPLICATION

**Effectuer par écrit les multiplications suivantes :**

**290.** — $24 \times 42$ ; $47 \times 53$ ; $68 \times 75$.

**291.** — $59 \times 38$ ; $94 \times 79$ ; $75 \times 68$.

**292.** — $48 \times 97$ ; $98 \times 49$ ; $76 \times 56$.

**293.** — $125 \times 43$ ; $508 \times 54$ ; $723 \times 68$.

**294.** — $935 \times 74$ ; $627 \times 56$ ; $438 \times 67$.

**295.** — $908 \times 96$ ; $297 \times 69$ ; $709 \times 78$.

**296.** — $349 \times 632$ ; $243 \times 527$ ; $196 \times 306$.

**297.** — $457 \times 149$ ; $568 \times 97$ ; $747 \times 405$.

**298.** — $694 \times 340$ ; $975 \times 408$ ; $809 \times 647$.

**299.** — $3214 \times 58$ ; $9604 \times 123$ ; $8975 \times 340$.

**300.** — $4396 \times 354$ ; $6078 \times 970$ ; $3875 \times 425$.

**301.** — $8375 \times 605$ ; $4307 \times 96$ ; $7625 \times 328$.

**302.** — $5632 \times 429$ ; $9435 \times 743$ ; $8765 \times 432$.

**303.** — $8723 \times 549$ ; $3257 \times 496$ ; $7497 \times 548$.

**304.** — $7538 \times 778$ ; $9630 \times 745$ ; $2968 \times 345$.

**305.** — $7420 \times 456$ ; $4798 \times 567$ ; $8032 \times 624$.

**306.** — $3974 \times 678$ ; $9638 \times 789$ ; $8329 \times 945$.

**307.** — $6327 \times 497$ ; $9409 \times 728$ ; $6548 \times 967$.

**308.** — $9632 \times 548$ ; $2863 \times 752$ ; $3549 \times 647$.

**309.** — $2987 \times 782$ ; $3907 \times 809$ ; $5637 \times 947$.

**310.** — $7725 \times 918$ ; $6839 \times 493$ ; $2794 \times 637$.

**311.** — $8396 \times 594$ ; $5490 \times 784$ ; $9798 \times 629$.

**312.** $8487 \times 796$ ; $7659 \times 989$ ; $6408 \times 937$.

| | |
|---|---|
| **313.** —  846 × 3,7 ;<br>975 × 74,8 ;<br>825 × 85,9. | **316.** — 48,32 × 72,5 ;<br>162,05 × 47,5 ;<br>243,25 × 48,32. |
| **314.** — 748 × 35,9 ;<br>4,57 × 78,5 ;<br>342,5 × 62,9. | **317.** — 3964,2 × 6,28 ;<br>762,75 × 2,45 ;<br>133,48 × 3,25. |
| **315.** — 849,6 × 34,55 ;<br>728,8 × 60,8 ;<br>975,7 × 38,9. | **318.** — 96,254 × 0,697 ;<br>30,196 × 867,3 ;<br>842,59 × 6,39. |

# CHAPITRE VI

## DE LA DIVISION

**66. Problème**. — *On doit distribuer 18 francs entre 6 personnes par parties égales; combien chacune recevra-t-elle ?*

Pour faire ce partage on donne d'abord 1 fr. à chaque personne, ce qui enlève en tout 6 francs.

Il en reste 18 moins 6, c'est-à-dire 12 francs.

Sur ces 12 fr. on donne 1 fr. à chaque personne, ce qui en enlève encore en tout 6.

Il en reste alors 12 moins 6, c'est-à-dire 6 francs.

Enfin on distribue entièrement ces 6 fr. en donnant 1 fr. à chaque personne et il ne reste rien.

Chaque personne reçoit donc 3 fois 1 fr. ou 3 francs.

Cette opération s'appelle *division*.

**1re Définition**. — *La division d'un nombre par un autre est une opération par laquelle on partage le premier nombre en autant de parties égales qu'il y a d'unités dans le second.*

Le premier nombre, celui qui doit être divisé se nomme *dividende*, le second *diviseur*, et le résultat *quotient*.

**2e Définition**. — D'après les explications précédentes on voit que le nombre 18 contient 3 fois 6 ; de là cette deuxième définition :

*La division d'un nombre par un autre est une opération par laquelle on trouve combien de fois le premier nombre contient le second.*

**3e Définition**. — Puisque le diviseur 6 multiplié par le

quotient 3 donne le dividende 18, on peut énoncer cette troisième définition :

*La division d'un nombre par un autre sert à trouver le nombre par lequel il faut multiplier le second pour obtenir le premier.*

**67.** — Pour indiquer que deux nombres doivent être divisés l'un par l'autre, on écrit le diviseur à la suite du dividende en les séparant par ce signe : qu'on prononce *divisé par*.

Ainsi 18 : 6 se lit 18 *divisé par* 6.

On peut aussi écrire le diviseur au-dessous du dividende en les séparant par un trait : $\frac{18}{6}$ signifie la même chose que 18 : 6.

**68.** — Quand on divise un nombre en deux parties égales, chaque partie est la *moitié* ou la *demie* du nombre.

Quand on divise le nombre en 3 parties égales, chaque partie s'appelle *tiers*.

Quand on divise un nombre en 4 parties égales, chaque partie s'appelle *quart*.

Quand on divise un nombre en 5 parties égales, chaque partie s'appelle un *cinquième* ou un 5⁰ du nombre.

**69.** — Puisque la division sert à trouver combien de fois un nombre en contient un autre, on pourrait trouver le quotient en retranchant le deuxième nombre du dividende, puis le deuxième nombre du reste, puis le deuxième nombre du deuxième reste, et ainsi de suite.

Ainsi, pour trouver le quotient de 24 par 6, je retranche 6 de 24, il reste 18 ; je retranche 6 de 18, il reste 12 ; je retranche 6 de 12, il reste 6 ; je retranche 6 de 6, il ne reste rien. On voit que 24 contient 4 fois 6 ; donc 4 est le quotient de la division de 24 par 6.

Cette manière de faire la division est trop longue.

Pour opérer plus rapidement, il faut savoir par cœur le quotient, dans le cas où, le diviseur n'ayant qu'un chiffre et le dividende un ou deux seulement, le quotient ne doit avoir qu'un chiffre : c'est ce qu'on reconnait facilement en voyant si le dividende est moindre que 10 fois le diviseur, c'est-à-dire moindre que le diviseur suivi d'un zéro.

## Manière de faire la division.

**70. Division par 10, par 100, par 1000.**

Si le nombre entier est terminé par des zéros, on le divise par 10 en supprimant un zéro sur sa droite, par 100 en supprimant deux zéros, par 1000 en supprimant trois zéros.

Ainsi 2300 divisé par 10 donne 230 ;
2300 divisé par 100 donne 23.

Quand il n'y a pas de zéros sur la droite du nombre, ou pas assez, on divise le nombre par 10 en séparant sur sa droite un chiffre décimal par une virgule, par 100 en séparant deux chiffres décimaux, etc. S'il n'y avait pas assez de chiffres pour le déplacement de la virgule, on mettrait des zéros sur la gauche.

Ainsi 23 divisé par 10 donne 2,3 ;
23 divisé par 100 donne 0,23.

**71. Le diviseur n'a qu'un chiffre.**

**1ᵉʳ Cas.** — Lorsque le dividende est plus petit que 10 fois le diviseur et que le diviseur n'a qu'un chiffre, la table de multiplication permet de trouver immédiatement le quotient.

Soit à diviser 49 par 6. On voit dans la table que 49 contient 8 fois 6 ; car 8 fois 6 font 48, et qu'il ne le contient pas 9 fois, car 9 fois 6 font 54.

Le quotient de la division est donc 8, et le reste est 1.

**2ᵉ Cas.** — *Le diviseur a plusieurs chiffres.*

Soit à diviser 174 par 32.

| Dividende | 174 | 32 | Diviseur. |
|---|---|---|---|
| | 160 | 5 | Quotient. |
| Reste | 14 | | |

J'écris le dividende et le diviseur sur une même ligne, je les sépare par un trait et je souligne le diviseur.

Pour trouver plus facilement combien de fois le diviseur est contenu dans le dividende je ne considère dans le diviseur que le premier chiffre à droite, et en négligeant aussi le chiffre des unités du dividende, je cherche combien de fois il y a 3 dizaines dans 17 dizaines ou simplement combien il y a de fois 3 dans 17.

Je trouve 5 fois, car 5 fois 3 font 15. J'écris 5 au quotient. Je multiplie 32 par 5 et j'obtiens 160, que j'écris au-dessous de 174; je retranche 160 de 174, et j'ai 14 pour reste.

Ainsi 174 divisé par 32 donne 5 pour quotient et 14 pour reste.

**Remarque.** — Il peut arriver que le chiffre obtenu de cette manière au quotient soit trop fort ; c'est ce qui se présente dans l'exemple suivant.

Soit à diviser 365 par 43.

$$
\begin{array}{r|l}
365 & 43 \\
344 & \overline{\phantom{0}8\phantom{0}} \\
\hline
21 &
\end{array}
\qquad
\begin{array}{r}
43 \\
9 \\
\hline
387
\end{array}
$$

Après avoir disposé le dividende et le diviseur comme il a été dit, je cherche combien le nombre 36 du dividende contient de fois le nombre 4 du diviseur : je vois qu'il le contient 9 fois, car 9 fois 4 font 36 ; j'écris 9 au quotient. Je multiplie le diviseur 43 par 9 et j'obtiens 387. Ce nombre étant plus grand que le dividende 365, le chiffre 9 est trop fort.

J'écris 8 au quotient ; je multiplie 43 par 8 et j'obtiens 344 ; en ôtant 344 de 365, j'ai 21 pour reste.

Ainsi le quotient de la division de 365 par 43 est 8, et le reste de la division est 21.

**72. Remarque.** — Le reste doit toujours être plus petit que le diviseur ; s'il était égal ou plus grand, ce serait une marque que le chiffre écrit au quotient est trop faible.

**73.** *Le dividende est plus grand que 10 fois le divi-*

*seur, et par suite le quotient doit avoir plusieurs
chiffres.*

Pour connaître le nombre des chiffres du quotient d'une
division, on sépare sur la gauche du dividende autant de
chiffres qu'il en faut pour former un nombre qui contienne le diviseur moins de 10 fois ; alors le nombre des
chiffres qui restent, plus un, indique combien de chiffres
aura le quotient.

Soit à diviser 1784 par 52.

$$\begin{array}{r|l} 178.4 & 52 \\ 156 & \overline{\phantom{0}34} \\ \hline 224 & \\ 208 & \\ \hline 16 & \end{array}$$

Pour faire cette division, je sépare
par un point sur la gauche du dividende, autant de chiffres qu'il en faut
pour former un nombre contenant le
diviseur moins de 10 fois ; ce nombre
est 178.

Je divise le *dividende partiel* 178 par 52.

En 17 il y a trois fois 5 ; j'écris 3 au quotient. Je
multiplie 52 par 3, et j'obtiens 156, que j'écris au-dessous de 178 ; je retranche 156 de 178, et je trouve
22 pour reste.

À droite de 22 j'écris le chiffre 4 du dividende ; j'obtiens
ainsi 224 pour 2ᵉ dividende partiel. Je divise 224 par 52.

En 22 il y a 4 fois 5 ; j'écris 4 au quotient. Je multiplie 52 par 4, et j'obtiens 208 que j'écris au-dessous de
224 ; je retranche 208 de 824 et je trouve 16 pour reste.

Ainsi le quotient de 1784 par 52 est 34, et le reste de
la division est 16.

**74. Remarque.** — On peut simplifier les calculs et
faire la soustraction en même temps qu'on fait la multiplication du diviseur par le chiffre écrit au quotient.

Soit à diviser 26325 par 65.

$$\begin{array}{r|l} 263.25 & 65 \\ 3\ 25 & \overline{\phantom{0}405} \\ 0 & \end{array}$$

Je sépare par un point trois chiffres
sur la gauche du dividende ce qui
donne le nombre 263 contenant le
diviseur moins de 10 fois.

Je divise le premier dividende partiel 263 par 65.

26 contenant 4 fois 6, j'écris 4 au quotient et je dis :

4 fois 5 font 20; j'ôte 20 de 23, il reste 3, que j'écris au-dessous du 3, et je retiens 2.

4 fois 6 font 24; 24 et 2 de retenue font 26; 26 ôtés de 26, reste 0.

A droite du reste 3, j'écris le chiffre 2 du dividende, j'ai ainsi 32 pour 2ᵉ dividende partiel. Je divise 32 par 65; 32 ne contenant pas 65, j'écris 0 au quotient.

A droite du reste 32 j'écris le chiffre 5 du dividende; j'ai ainsi 325 pour 3ᵉ dividende partiel. Je divise 325 par 65.

32 contient 5 fois 6; j'écris 5 au quotient et je dis :

5 fois 5 font 25; 25 ôtés de 25, reste 0 et je retiens 2.

5 fois 6 font 30; 30 et 2 de retenue font 32; 32 ôtés de 32, reste 0.

Ainsi le quotient est exactement 405 puisque la division n'a pas de reste.

On voit dans cet exemple que, lorsque dans le cours d'une division un dividende partiel ne contient pas le diviseur, on écrit 0 au quotient.

**75.** — Soit encore à diviser 696361 par 651.

Je sépare par un point trois chiffres sur la gauche du dividende. Je divise le premier dividende partiel 696 par 651; 69 contenant une fois 65; j'écris 1 au quotient et je dis :

$$\begin{array}{r|l} 696.361 & 651 \\ 45\ 36 & \overline{\phantom{0}1\,069} \\ 6\ 301 & \\ 442 & \end{array}$$

1 fois 1, ôté de 6, il reste 5 que j'écris.

1 fois 5 ôté de 9, il reste 4.

1 fois 6 ôté de 6, il reste 0.

A droite du reste j'écris 3. Le 2ᵉ dividende partiel 453 ne contenant pas 651, j'écris 0 au quotient.

A droite du reste 453, j'écris 6; j'obtiens ainsi le 3ᵉ dividende partiel 4536.

Je divise 4536 par 651; 45 contient 7 fois 6; j'écris 7 au quotient et je dis :

7 fois 1 font 7; 7 ôtés de 16, il reste 9, et je retiens 1.

7 fois 5 font 35 ; 35 et 1 de retenue font 36 ; 36 ôtés de 43, il reste 7, et je retiens 4.

7 fois 6 font 42 ; 42 et 4 de retenue font 46 ; 46 ne pouvant se retrancher de 43, le chiffre 7 mis au quotient est trop fort. J'écris donc 6 et je dis :

6 fois 1 font 6 ; 6 ôtés de 6, il reste 0.

6 fois 5 font 30 ; 30 ôtés de 33, il reste 3, et je retiens 3.

6 fois 6 font 36, 36 et 3 de retenue font 39 ; 39 ôtés de 45, il reste 6.

J'écris 1 à la droite du reste 630 ; j'obtiens ainsi 6301 pour 4ᵉ dividende partiel. Je divise 6301 par 654.

63 contient 10 fois 6 ; mais 6301 ne contient pas 10 fois 654, j'écris donc 9 au quotient et je dis :

9 fois 1 font 9 ; 9 ôtés de 11, il reste 2 ; et je retiens 1.

9 fois 5 font 45 ; 45 et 1 de retenue font 46 ; 46 ôtés de 50, il reste 4, et je retiens 5.

9 fois 6 font 54 ; 54 et 5 de retenue font 59 ; 59 ôtés de 63, il reste 4.

Ainsi le quotient de 6963614 divisé par 654 est 10 069, et le reste de la division est 442.


## Division des nombres décimaux.


**76. Division d'un nombre décimal par 10, 100, 1 000.**

Pour diviser un nombre décimal par 10, on recule la virgule d'un rang vers la gauche ; pour le diviser par 100, on recule la virgule de deux rangs ; pour le diviser par 1 000, on recule la virgule de trois rangs.

Si le nombre décimal contient moins de chiffres qu'il n'en faut séparer, on écrit à gauche du nombre autant de zéros qu'il en faut pour que la virgule puisse se mettre à la place voulue et qu'il y ait encore un zéro à sa gauche à la place des unités.

Ainsi 342,6 divisé par 10    devient 34,26 ;

5,24 divisé par 100    devient 0,0524 ;

0,24 divisé par 1 000 devient 0,00024.

**77.** — La division des nombres décimaux par des nombres quelconques présente deux cas.

**1er Cas** — *Le dividende est un nombre décimal, et le diviseur un nombre entier.*

Pour diviser un nombre décimal par un nombre entier, il faut opérer comme si le dividende était entier et séparer à la droite du quotient, par une virgule, autant de chiffres décimaux qu'il y en a dans le dividende. Le reste, s'il y en a un, représente des unités décimales de même ordre que le dernier chiffre du dividende.

Soit à diviser 416$^f$,89 par 25.

Ce dividende peut être regardé comme le nombre entier de centimes 41 689 centimes. L'opération revient donc à partager ce nombre de centimes en 25 parties égales ; on trouve 1 667 centimes ou 16$^f$,67 avec un reste égal à 14 centimes.

Je fais la division sans tenir compte de la virgule ; j'obtiens 1667 pour quotient et 14 pour reste. Je sépare deux chiffres au quotient et j'ai 16,67 pour le quotient de 416,89 par 25.

$$\begin{array}{r|l} 416,89 & 25 \\ 166 & \overline{16,67} \\ 168 & \\ 189 & \\ 14 & \end{array}$$

Le reste de la division est 0,14.

**Remarque.** — Il vaut mieux mettre la virgule au quotient, dès qu'on écrit, à la droite du reste, le chiffre des dixièmes du dividende.

**78. 2e Cas** — *Le dividende est entier ou décimal, et le diviseur est décimal.*

Pour diviser un nombre quelconque, entier ou décimal, par un nombre décimal, on rend le diviseur nombre entier en supprimant la virgule, ce qui revient à le multiplier par 10 quand il n'y a qu'un chiffre décimal, par 100 quand il y a deux chiffres décimaux, par 1000 quand il y en a trois. Puis on multiplie aussi le dividende par le nombre qui a multiplié le diviseur et l'on opère alors comme dans le 1er cas.

Soit à diviser 648,3 par 5,24.

$$
\begin{array}{l|l}
64830 & 524 \\
1243 & \overline{\phantom{xx}} \\
1950 & 123 \\
\phantom{1}378 &
\end{array}
$$

Je rends le diviseur entier en le multipliant par 100 ; je multiplie donc aussi par 100 le dividende, ce qui me donne 64830 à diviser par 524 ; et j'obtiens pour quotient 123 et pour reste 378.

En opérant ainsi on a rendu d'abord le dividende et le diviseur le même nombre de fois plus grands ; de cette manière le quotient conserve la même valeur.

**79. Valeur approchée d'un quotient.** — Lorsqu'on a obtenu la partie entière du quotient, on peut continuer la division. Pour cela on met une virgule au quotient, et l'on écrit un zéro à la droite du reste, ce qui forme un nouveau dividende partiel ; on le divise, et l'on obtient des dixièmes au quotient ; on écrit un autre zéro à la droite du nouveau reste : la division de ce dividende partiel donne des centièmes. On peut ainsi obtenir au quotient des dixièmes, des centièmes, des millièmes, etc... Quand la division ne se termine pas, le quotient est un peu trop faible ; car il lui manque ce que la division aurait donné en la prolongeant. Pour cette raison on dit que le quotient ainsi obtenu n'a qu'une *valeur approchée*.

**80. Division par 4 et par 8.** — Pour diviser un nombre par 4, on le divise d'abord par 2, puis le résultat encore par 2.

Ainsi pour avoir le quart de 38 francs, on en prend d'abord la moitié qui est 19 fr. puis la moitié de 19 fr. qui est 9f,50.

Et en effet c'est ce que ferait une petite fille pour diviser un ruban en quatre parties égales avec ses ciseaux.

Pour diviser un nombre par 8, on le divise d'abord en 4 parties égales, comme on vient de l'indiquer, pour le résultat encore par 2, ce qui fait enfin 4 fois 2 parties égales, c'est-à-dire 8.

**81. Preuve de la division.** — Pour faire la preuve de

la division, on multiplie le diviseur par le quotient et l'on ajoute le reste au produit. Si l'on a bien opéré, on doit retrouver le dividende

*Division.*

```
465480 | 48
  334  |————
  468  | 9697
  360  |
   24  |
```

*Preuve.*

```
   9697
     48
————————
  77576
 38788
————————
 465456
     24
————————
 465480
```

**82. Preuve de la multiplication.** — Pour faire la preuve de la multiplication, on peut diviser le produit par l'un des facteurs. Si l'on a bien opéré, on doit trouver au quotient l'autre facteur sans reste.

*Multiplication.*

```
   4857
     48
————————
  38856
 19428
————————
 233136
```

*Preuve.*

```
233136 | 48
  411  |————
  273  | 4857
  336  |
    0  |
```

## Problèmes
## sur les quatre opérations arithmétiques.

*Problèmes à résoudre mentalement.*

**319.** — Un sou vaut 5 centimes. Combien y a-t-il de sous dans 15 centimes, dans 25 centimes, dans 45 centimes, dans 55 centimes?

**320.** — Une livre de café coûte 3 fr. Combien coûteront 5 livres, 6 livres; 2 kilogrammes, 3 kilogrammes?

**321.** — Une semaine a 7 jours. Combien y a-t-il de semaines dans 21 jours, dans 35 jours, dans 49 jours, dans 70 jours?

322. — Un chapeau de paille coûte 4 fr. Combien aura-t-on de chapeaux pour 12 fr., pour 20 fr., pour 32 fr., pour 44 francs ?

323. — Un ouvrier gagne 6 francs par jour. Combien aura-t-il gagné en 4 jours, en 8 jours, en 10 jours, en 11 jours de travail ?

324. — Une paire de souliers coûte 8 francs. Combien aura-t-on de paires de souliers pour 24 francs, pour 40 fr., pour 56 fr., pour 80 francs ?

325. — Quels sont les trois quarts de 24 fr., de 16 fr., de 40 francs ?

326. — Combien coûte une douzaine de cravates à 1ᶠ,50 la cravate ?

327. — Un marchand vend 3 gilets pour 24 francs ; à ce marché il gagne 3 fr. Combien lui avait coûté le gilet ?

328. — Combien coûteront 80 oranges à raison de 1 franc les 8 oranges ?

329. — Quel est le prix de 20 couteaux à raison de 18 fr. la douzaine ?

330. — Combien coûtent 20 encriers à 0ᶠ,25 chacun ?

331. — Quel est le prix d'un livre, si 3 livres coûtent 6ᶠ,60 ?

332. — Quelle somme faut-il pour payer 4 cahiers de 10 centimes et 3 cahiers de 5 centimes ?

333. — Une paire de lunettes coûte 4ᶠ,50 et l'étui vaut 1ᶠ,50. Combien aura-t-on de paires de lunettes avec leur étui pour 48 francs ?

334. — Avec une pièce de toile de 20 mètres de long on a fait 5 chemises, pour chacune desquelles il a fallu 3 mètres. Que reste-t-il de la toile ?

335. — Un fauteuil coûte 7 fr. et une chaise 3 fr. : combien aura-t-on de fauteuils et de chaises pour 120 fr., si l'on veut autant de fauteuils que de chaises ?

336. — Combien coûtent 850 pommes à raison de 4 fr. le cent ?

337. — Paul et Louis ont 12 francs à se partager ; Paul prend le tiers de la somme. Que reste-t-il à Louis ?

**338.** — Un marchand avait 40 crayons ; il en a vendu 3 douzaines. Combien lui reste-t-il de crayons ?

**339.** — Combien coûtent 15 poires lorsque 3 poires coûtent 10 centimes ?

**340.** — Combien aura-t-on d'oranges pour 1 fr. lorsque 3 oranges coûtent 25 centimes ?

**341.** — Un vase contient 12 litres de lait. Que vaut ce lait à raison de 25 centimes le litre ?

**342.** — Quel est le poids de 45 pièces de 2 francs ?

**343.** — Quel est le poids de 14 pièces de 5 francs en argent ?

**344.** — Quelle somme a-t-on payée avec 12 pièces de 20 fr. et 12 pièces de 5 fr. ?

**345.** — Quelle somme a-t-on payée avec 10 pièces de 5 fr. et 18 pièces de 2 fr. ?

**346.** — Un sac contenait 200 fr. ; on en retire 80 pièces de 5 fr. et 120 pièces de 2 fr. Quelle somme reste-t-il dans le sac ?

**347.** — Quel est le poids d'un objet qui pèse autant que 42 pièces de 10 centimes ?

**348.** — Quel est le poids d'un objet qui pèse autant que 20 pièces de 5 fr. en argent ?

**349.** — Quelle est la contenance de 2 seaux d'eau, dont le premier contient 12 litres 5 décilitres, et le second 11 litres 6 décilitres ?

**350.** — Un sac contient 6 doubles-décalitres de riz ; un autre sac n'en renferme que 55 litres. Quelle est la contenance de ces deux sacs ?

**351.** — Lorsqu'un mètre de drap coûte 16 fr., combien coûte un demi-mètre, un quart de mètre ?

**352.** — Une pièce de toile a 42 mètres. Combien pourra-t-on faire de chemises avec cette toile, s'il faut 3 mètres de toile pour chaque chemise ?

**353.** — Un tableau noir a 2$^{m}$,24 de longueur. Trouver sa largeur, si elle n'est que les trois quarts de la longueur.

**354.** — Une feuille de papier a 264 millimètres de longueur et le quart de largeur. Dites combien la largeur a de millimètres.

**355.** Un fil de fer a 40 mètres. Combien pourra-t-il fournir de pointes, si la longueur d'une pointe est de 20 millimètres.

**356.** Quelle longueur obtient-on en mettant bout à bout 10 règles qui ont chacune 334 millimètres ?

**357.** — Que doit-on payer pour 4 kilogrammes de café, à raison de 3$^f$,50 le kilogramme ?

**358.** — Que coûtera un portail en fer du poids de 800 kilogrammes, à raison de 28 fr. les 100 kilogrammes ?

**359.** Lorsqu'un kilogr. de chocolat coûte 3$^f$,50, combien coûteront 5 hectogrammes ?

**360.** — Lorsqu'un hectogramme de café coûte 65 centimes, combien coûteront 15 kilogrammes ?

**361.** — Un mètre de toile coûte 3 francs. Combien aura-t-on de mètres pour 69 francs ?

**362.** Quel est le prix de 29 mètres de velours, si un mètre coûte 6 francs ?

**363.** — Cinq volumes ont coûté en tout 17 fr. et 3 autres ont coûté chacun 4 francs. Combien coûtent les 8 volumes ?

**364.** — Avec un mètre de fil de fer on fait 90 clous de souliers. Combien a-t-il fallu de mètres de fil pour faire 450 clous ?

**365.** — On a acheté 12 douzaines de crayons ; puis on en a vendu 8 douzaines. Combien reste-t-il encore de crayons ?

**366.** — Quelle est la valeur d'une somme composée de 25 pièces de 20 francs et de 12 pièces de 5 francs ?

**367.** — Un jeune homme a acheté une montre avec sa chaîne, la montre a été payée 45 francs et le prix de la chaîne n'était que le 5$^e$ du prix de la montre. Quel est le montant de la somme déboursée ?

**368.** — Un ouvrier gagne 4 francs par jour. Combien a-t-il travaillé de jours pour gagner 116 francs ?

# EXERCICES ÉCRITS

*Effectuer les divisions suivantes :*

| | | | |
|---|---|---|---|
| 369. — 4824 : 36 | 379. — 8910 : 66 | 389. — 7695 : 28 |
| 370. — 8944 : 43 | 380. — 5916 : 87 | 390. — 6421 : 38 |
| 371. — 3825 : 45 | 381. — 6351 : 73 | 391. — 9075 : 47 |
| 372. — 9984 : 48 | 382. — 8064 : 84 | 392. — 3743 : 19 |
| 373. — 7700 : 50 | 383. — 7584 : 96 | 393. — 8747 : 51 |
| 374. — 6264 : 54 | 384. — 7421 : 34 | 394. — 8732 : 63 |
| 375. — 6834 : 51 | 385. — 3700 : 42 | 395. — 7900 : 58 |
| 376. — 6784 : 53 | 386. — 5945 : 26 | 396. — 9570 : 39 |
| 377. — 7504 : 56 | 387. — 9675 : 17 | 397. — 9287 : 47 |
| 378. — 8418 : 61 | 388. — 3951 : 37 | 398. — 9907 : 57 |

*Calculez jusqu'aux dixièmes.*

| | | |
|---|---|---|
| 399. — 13651 : 7 | 404. — 10075 : 19 | 409. — 25017 : 47 |
| 400. — 42348 : 9 | 405. — 25347 : 56 | 410. — 32904 : 56 |
| 401. — 19975 : 11 | 406. — 39027 : 43 | 411. — 10901 : 37 |
| 402. — 34025 : 17 | 407. — 77259 : 68 | 412. — 27300 : 45 |
| 403. — 75216 : 32 | 408. — 95074 : 75 | 413. — 10000 : 72 |

| | | |
|---|---|---|
| 414. — 3645 : 342 | 419. — 6375 : 871 | 424. — 9800 : 319 |
| 415. — 6428 : 315 | 420. — 9256 : 328 | 425. — 4835 : 721 |
| 416. — 7639 : 625 | 421. — 8715 : 445 | 426. — 5257 : 852 |
| 417. — 8706 : 408 | 422. — 7697 : 528 | 427. — 9054 : 295 |
| 418. — 7492 : 506 | 423. — 3621 : 148 | 428. — 6843 : 197 |

*Calculez jusqu'aux centièmes.*

| | | |
|---|---|---|
| 429. — 4913 : 54 | 439. — 10857 : 48 | 449. — 96,54 : 37 |
| 430. — 3254 : 32 | 440. — 25369 : 57 | 450. — 150,32 : 58 |
| 431. — 7651 : 227 | 441. — 40207 : 125 | 451. — 4832,5 : 1,64 |
| 432. — 9853 : 506 | 442. — 19057 : 408 | 452. — 5900,9 : 8,42 |
| 433. — 7097 : 810 | 443. — 70936 : 841 | 453. — 170,96 : 7,83 |
| 434. — 9357 : 635 | 444. — 95064 : 357 | 454. — 374,54 : 16,4 |
| 435. — 7908 : 748 | 445. — 21141 : 617 | 455. — 9640,0 : 48,3 |
| 436. — 34617 : 84 | 446. — 32859 : 941 | 456. — 54,381 : 6,19 |
| 437. — 27039 : 178 | 447. — 56090 : 527 | 457. — 84,536 : 0,147 |
| 438. — 17936 : 851 | 448. — 37948 : 834 | 458. — 9621,8 : 0,631 |

## Problèmes écrits sur les quatre règles.

**459.** — Un sac de blé coûte 32 francs. Combien aura-t-on de sacs pour 1 376 francs ?

**460.** — Pour tapisser une salle il a fallu 17 rouleaux de papier à 75 centimes et 3 rouleaux de bordure à 1ᶠ,25. Combien a-t-on déboursé ?

**461.** — Une famille devait 145ᶠ,75 au boulanger. Pour le payer, on lui remet 15 pièces de 10 francs. Combien le boulanger doit-il rendre ?

**462.** — Quel est le prix payé pour 48 moutons, si le tiers a été payé à raison de 17 fr. le mouton et le reste à raison de 18 francs ?

**463.** — Combien coûtent 15 tasses de chocolat, si une tasse renferme pour 10 centimes de lait, pour 10 centimes de chocolat et pour 4 centimes de pain ?

**464.** — Combien coûtent 2 douzaines d'assiettes et 2 douzaines de plats, si une assiette vaut 25 centimes et un plat 35 centimes ?

**465.** — Un pain de 4 kilogrammes coûte 1ᶠ,45 centimes. Combien a-t-on eu de kilogrammes de pain pour 34ᶠ,80 centimes ?

**466.** — On veut partager 3645 fr. entre 142 ouvriers. Combien chacun aura-t-il ?

**467.** — Combien doit-on payer pour 320 stères de bois, sachant que la moitié a été achetée 10ᶠ,50 le stère et l'autre moitié 11ᶠ,25 ?

**468.** — Un bateau contient 360 stères de bois coûtant 3612 francs ; on vend le stère 12ᶠ,60. Quel bénéfice fait-on ?

**469.** — On a 108 fr. en monnaie de bronze pesant 10 kilogr. 8 hectogr. Trouver le poids de 108 fr. en argent, en sachant qu'une somme en argent pèse 20 fois moins que la même somme en bronze ?

**470.** — On a 180 fr. en argent. Trouver le poids de

180 fr. en or, en sachant qu'une somme en or pèse 15,5 fois moins que la même somme en argent.

**471.** — Un sac rempli d'argent monnayé pèse 3425 grammes ; le poids du sac vide est de 75 grammes. Quelle est la valeur de la somme contenue dans le sac ?

**472.** — Deux ouvriers gagnent par jour, le premier 4ᶠ,75, le second 3ᶠ,50. Quelle somme faut-il pour leur payer 18 jours de travail ?

**473.** — On a acheté 8 sacs de blé contenant chacun 2 hectolitres et demi. Quelle somme faut-il pour les payer, si l'hectolitre vaut 19ᶠ,25 ?

**474.** — Pour 47 kilogr. de chocolat un épicier a payé 180 fr. S'il veut gagner en tout 19ᶠ,75, combien doit-il vendre le kilogramme ?

**475.** — On a vendu 54 kilogr. de café à raison de 4ᶠ,25 ; à ce marché on a gagné 18 fr. Quel était le prix d'achat de tout ce café ?

**476.** — Un litre de lait pèse 1 030 grammes et un litre de vin 990 grammes. Quelle différence y a-t-il entre les poids de 24 litres de lait et de 24 litres de vin ?

**477.** — Une pièce de calicot avait 60 mètres. On en a vendu le quart, puis le tiers. Combien reste-t-il encore de mètres ?

**478.** — En un jour on a fait dans une fabrique 7 200 plumes ; on les vend à raison de 0ᶠ,75 la boîte contenant 144 plumes. Quelle somme retirera-t-on de la vente ?

**479.** — Lorsque 100 épingles coûtent 15 centimes, combien coûtent 12600 épingles !

**480.** — Une machine brûle 18 kilogr. de charbon par heure : combien brûlera-t-elle de kilogr. en 31 jours de 24 heures ?

**481.** — Une marchande achète 6600 œufs à raison de 8ᶠ50 le cent ; elle les revend à 1ᶠ,15 la douzaine. Combien gagne-t-elle ?

**482.** — Dans une maison neuve un peintre a passé en couleur 13 portes et 48 croisées. Que doit-on au peintre, s'il demande 3ᶠ,50 par porte et 2ᶠ,50 par croisée ?

**483.** Trouver le poids d'un tonneau de vin de 228 litres, si un litre de vin pèse 997 grammes le tonneau vide pesant 45 kilogr. 650 grammes.

**484.** Trouver le poids d'un objet, si pour le peser on a mis dans un des plateaux de la balance un poids de 50 grammes, deux poids de 20 gr. et un poids de 5 grammes.

**485.** Quel est le poids d'une caisse, si on a employé pour la peser deux poids de 20 kilogr., un poids de 10 kilogr., un poids de 5 kilogr. et deux poids de 2 kilogr. ?

**486.** Une cuiller en argent pèse 45 gr. 35, et une fourchette 38 gr. 45. Quel est le poids d'une douzaine de chacune ?

**487.** Une somme de 100 francs en argent pèse 500 grammes et 100 fr. en or pèsent 32 gr. 258 milligrammes. Combien le poids de la somme en argent vaut-il de fois le poids de 100 fr. en or.

**488.** On achète deux colonnes de fonte pesant, l'une 125 kilogr., l'autre 134 kilogr. et on les paye à raison de 25 francs les 100 kilogr. Quelle somme doit-on débourser ?

**489.** Un jeune homme qui avait 96 francs, en dépense d'abord les 2 tiers, puis 24$^f$,50. Quelle somme lui reste-t-il ?

**490.** Un marchand achète 45 fromages, au prix de 3$^f$,50 les cinq. Combien doit-il payer ?

**491.** On achète une horloge 54 fr.; la caisse ne vaut que le cinquième de ce prix. Combien coûtera l'horloge mise en place, si l'ouvrier prend 1$^f$,25 pour ce dernier travail ?

**492.** On vend 4 pains de sucre, pesant chacun 17 kilogr., au prix de 1$^f$,45 le kilogr. et on reçoit en payement un billet de 100 fr. Quelle somme doit-on rendre à l'acheteur ?

**493.** On achète 3 sacs de café vert, pesant chacun 75 kilogr., au prix de 4$^f$,45 le kilogr. et on donne un billet de 1000 fr. Combien doit-on rendre à l'acheteur ?

**494.** Sur 3 balles de laine pesant chacune 125 kilogr.

on diminue le poids total de 18 kilogr. pour l'emballage. Que doit-on payer si la laine est vendue à raison de 3$^f$,15 les 2 kilogrammes ?

**495.** — Un marchand achète 350 litres d'huile pour 612$^f$,50. Combien doit-il vendre le litre pour gagner 70 fr. en tout ?

**496.** — Un marchand achète 145 litres de liqueur pour une somme totale de 406 francs. Combien doit-il revendre le litre pour gagner 0$^f$,45 par litre ?

**497.** — Un marchand achète 2 512 bouteilles à 1$^f$,05 la douzaine et les revend 11 fr. le cent. Quel est son bénéfice sur toute cette vente ?

**498.** — Un petit marchand ayant acheté 15 douzaines de crayons à 45 centimes la douzaine, les a revendus au prix de 5 centimes chacun. Quel bénéfice a-t-il fait ?

**499.** — Deux pièces de drap de même qualité valent ensemble 1 240 francs. La première qui a 7 mètres de plus que la seconde vaut 87$^f$,50 de plus. Combien chaque pièce contient-elle de mètres ?

**500.** — Un marchand avait acheté une pièce de drap pour 877$^f$,50. En revendant 25 mètres de cette pièce pour 437$^f$,50 il a gagné 2$^f$,50 par mètre. Calculer la longueur de la pièce.

# CHAPITRE VII

## NOTIONS SUR LES FRACTIONS ORDINAIRES

**83. Unités décimales.** — Pour mesurer une quantité moindre que l'unité ordinaire, par exemple, la largeur d'une table moindre que le mètre, on emploie le *décimètre*, qui est la 10ᵉ partie du mètre ; le *centimètre*, qui est la 100ᵉ partie du mètre ; le *millimètre*, qui est la 1000ᵉ partie du mètre.

Ces unités, qui se voient très nettement sur un mètre pliant, se nomment unités décimales (comme on l'a expliqué déjà au nᵒ 12).

**84. Unités fractionnaires ordinaires.** — Au lieu de diviser l'unité entière en 10, 100 ou 1000 parties égales, on peut la diviser, ou la supposer divisée, en un nombre quelconque de parties égales :

en 2 parties chacune, qui est une moitié, s'appelle *demie* ;

en 3 parties, *tiers* ; en 4 parties, *quart* ;

en 5 parties, *un cinquième* ; en 6 parties, *un sixième* ;

en 7 parties, *un septième* ; en 8 parties, *un huitième* ;

en 9 parties, *un neuvième*, et ainsi de suite.

Ces unités moindres que l'unité entière sont appelées *unités fractionnaires*.

**85. Fractions.** — *On appelle* **fraction** *un nombre qui exprime une ou plusieurs unités fractionnaires.*

EXEMPLES : 3 quarts de mètre ; 4 septièmes de litre ; 5 huitièmes de franc ; 8 neuvièmes de kilogramme.

**86. Calcul des fractions.** — On effectue les quatre opérations sur ces fractions comme sur les nombres entiers [1].

EXEMPLES : 1 quart de mètre plus 2 quarts de mètre
font 3 quarts de mètre ;

5 huitièmes de franc surpassent 3 huitièmes
de 2 huitièmes de franc ;

4 fois 2 tiers de kilogramme font 8 tiers de
kilogramme ;

La moitié de 8 neuvièmes de litre est 4 neuvièmes de litre.

**87. Manière d'écrire autrement les fractions.** — Les
fractions ordinaires s'écrivent habituellement de la manière suivante :

On écrit d'abord le nombre des unités fractionnaires,
puis au-dessous, séparé par un petit trait, le nombre qui
indique en combien de parties égales on avait partagé
l'unité entière pour avoir l'unité fractionnaire.

EXEMPLES : Pour 1 tiers de mètre, on écrit $\dfrac{1}{3}$ m. ;

Pour 4 cinquièmes de franc $\dfrac{4}{5}$ fr. ;

Pour 8 neuvièmes de kilogr. $\dfrac{8}{9}$ kgr.

En effet, comme cela a déjà été expliqué (n° 67).

$\dfrac{1}{3}$ signifie 1 divisé par 3, ou 1 tiers de l'unité entière ;

$\dfrac{4}{5}$ signifie la 5e partie de 4, ou 4 fois 1 cinquième de
l'unité entière ;

$\dfrac{8}{9}$ signifie la 9e partie de 8, ou 8 fois le neuvième de
l'unité entière.

**88. Termes d'une fraction.** — Les deux nombres qui
servent à exprimer une fraction s'appellent *termes* de la
fraction.

---

[1] Excepté dans certains cas qui seront exposés dans un chapitre spécial
du *Cours moyen.*

Le premier qui exprime le nombre des unités fractionnaires contenues dans la fraction s'appelle *numérateur*.

Le deuxième, qui est placé au-dessous, s'appelle *dénominateur*, parce qu'il dénomme l'unité fractionnaire.

C'est le nombre qui indique en combien de parties égales on a divisé l'unité entière pour former les unités fractionnaires.

Il faut bien se rappeler que le dénominateur peut être regardé comme un *nom* écrit en chiffres.

**89. Règles du calcul des fractions.** — Les règles exposées ci-dessus (n° 86) seront donc énoncées de la manière suivante ; mais pour plus de clarté, nous emploierons un nouveau signe, le signe =, qu'on prononce égale, afin d'indiquer le résultat des opérations.

1° *Pour additionner des fractions qui ont le même dénominateur, on additionne entre eux les numérateurs, et on écrit sous la somme le dénominateur commun.*

EXEMPLE : $\dfrac{1}{5} + \dfrac{3}{5} = \dfrac{4}{5}$, ce qu'on lit en disant :

1 cinquième plus 3 cinquièmes égalent 4 cinquièmes.

2° *Pour soustraire l'une de l'autre deux fractions, on opère la soustraction sur les numérateurs, et sous le reste on écrit le dénominateur commun.*

EXEMPLE : $\dfrac{4}{7} - \dfrac{3}{7} = \dfrac{1}{7}$, ce qu'on lit en disant :

4 septièmes moins 3 septièmes égalent 1 septième.

3° *Pour multiplier une fraction par un nombre entier, on multiplie le numérateur par le nombre entier en conservant le même dénominateur.*

EXEMPLE : $\dfrac{2}{9} \times 4 = \dfrac{8}{9}$, ce qu'on lit en disant :

2 neuvièmes multipliés par 4 égalent 8 neuvièmes.

4° *Pour diviser une fraction par un nombre entier, on divise le numérateur par le nombre entier (quand la division peut se faire exactement), et on conserve le même dénominateur*[1].

EXEMPLE : $\dfrac{8}{9} : 4 = \dfrac{2}{9}$, ce qu'on lit en disant :

8 neuvièmes divisés par 4 égalent 2 neuvièmes.

**90. Conversion d'une fraction ordinaire en fraction décimale.** — Soit, par exemple, la fraction $\dfrac{3}{8}$.

On a vu (n° 87) qu'une fraction ordinaire exprime le quotient de la division du numérateur par le dénominateur.

Pour effectuer la conversion il n'y a qu'à faire cette division, qui est seulement indiquée, en réduisant d'abord le numérateur en *dixièmes* au moyen d'un zéro écrit sur sa droite; en *centièmes* au moyen de deux zéros, en *millièmes* au moyen de trois zéros.

Ainsi en convertissant 3 en millièmes, on a à diviser 3000 millièmes par 8, ce qui donne 375 millièmes, ou 0,375.

Mais la division ne se termine pas toujours comme celle de cet exemple.

---

## EXERCICES SUR LES FRACTIONS

### Calcul mental.

**501.** — Deux règles placées l'une à la suite de l'autre ont, l'une $\dfrac{1}{5}$ de mètre et l'autre $\dfrac{2}{5}$. Quelle est la longueur totale?

**502.** — On a payé $\dfrac{1}{4}$ d'une dette, puis $\dfrac{2}{4}$ de la dette.

---

[1] **Nous devons nous borner ici à ces quelques règles. Elles seront exposées d'une manière complète dans le *Cours moyen.***

Quelle portion a-t-on payée et que redoit-on encore?

**503.** D'un tonneau qui était plein de vin, on a tiré en une semaine $\frac{1}{8}$, dans la deuxième semaine $\frac{2}{8}$, et dans la troisième semaine $\frac{3}{8}$. Quelle est la partie totale qui a été tirée dans ce temps et quelle partie en reste-t-il?

**504.** — Deux quartiers de sucre pèsent l'un $\frac{3}{5}$ de kilogramme et l'autre $\frac{2}{5}$ de kilogramme. Quel est leur poids total? Combien ce poids total fait-il de grammes?

**505.** — On a mis les unes à la suite des autres trois règles ayant la première $\frac{2}{9}$ de mètre, la seconde $\frac{3}{9}$ de mètre, la troisième $\frac{3}{9}$ de mètre. Que manque-t-il à la longueur totale de ces trois règles pour faire un mètre?

**506.** — Un ouvrier a fait 3 journées $\frac{1}{5}$ chez un patron et une autre fois 4 journées $\frac{3}{5}$. Quel est le nombre total de ces journées?

**507.** — On veut partager en 3 parties égales un ruban qui a $\frac{3}{8}$ de mètre de longueur. Quelle sera la longueur de chaque partie?

**508.** — Trouver combien $\frac{3}{5}$ de kilogramme font de grammes.

**509.** — Tirez à la craie sur le tableau noir une ligne droite; partagez-la en deux moitiés, puis chaque moitié en 3 parties égales. Combien obtient-on ainsi de parties égales de toute la ligne, et comment les nomme-t-on?

**510.** — Expliquez de la même manière ce que sera la moitié d'un quart.

# EXERCICES A RÉSOUDRE PAR ÉCRIT

**511.** — Chercher la longueur totale formée par deux règles mises l'une à la suite de l'autre et ayant la première 1 mètre $\frac{1}{5}$ et la deuxième 2 mètres $\frac{2}{5}$.

**512.** — Que reste-t-il d'un ruban long de 2 mètres $\frac{3}{4}$, si on retranche un morceau de 1 mètre $\frac{1}{4}$?

**513.** — Un ouvrier a fait 5 journées $\frac{1}{4}$ pendant chacune des 4 semaines du mois. Trouver le nombre total de ses journées pendant ce mois.

**514.** — Un cordon a 4 mètres $\frac{8}{9}$ de longueur; on le partage en 4 parties égales. Quelle est la longueur de chaque partie ?

**515.** — On a payé une dette en trois fois. La première fois on a donné les $\frac{2}{5}$; la seconde fois autant, et on a soldé en donnant 10 francs la troisième fois. A combien s'élevait cette dette ?

**516.** — Un écolier, pour faire une copie, a travaillé une première fois pendant $\frac{1}{4}$ d'heure et une seconde fois pendant $\frac{1}{4}$ d'heure. Combien a-t-il mis de minutes pour faire cette copie ?

**517.** — Un tisserand fait $\frac{1}{4}$ de mètre de toile en $\frac{1}{2}$ heure. Quelle longur aura-t-il faite au bout de 6 heures?

**518.** — La largeur d'un jardin est les $\frac{4}{5}$ de sa longueur, et la longueur surpasse la largeur de 20 mètres. Trouver la longueur et la largeur.

**519.** — Une demi-douzaine d'œufs coûtent 8 sous, combien payera-t-on pour deux douzaines et quart ?

**520.** — On a retranché à un ruban $\frac{1}{3}$ de sa longueur, puis la moitié du reste, et il n'a plus que 2 mètres $\frac{1}{3}$. Quelle était la longueur du ruban ?

# CHAPITRE VIII

## NOTIONS
## SUR LES FIGURES GÉOMÉTRIQUES
## LES PLUS ÉLÉMENTAIRES [1]

### § I. — Lignes et angles.

**91. Lignes.** — La *ligne droite* est ce que figure un fil fin bien tendu. C'est la plus courte distance d'un point à un autre.

Ligne droite.

Une *ligne brisée* est formée par plusieurs droites de directions différentes. La lettre N nous donne l'idée d'une ligne brisée.

On appelle *ligne courbe*, toute ligne qui n'est ni droite, ni composée de lignes droites ; par exemple le tour d'une pièce de monnaie, le bord de l'abat-jour d'une lampe.

Ligne brisée.      Ligne courbe.

**92. Surfaces.** — La *surface* d'un corps est l'étendue de ce corps en longueur et en largeur seulement comme s'il n'avait point d'épaisseur.

---

[1] Nous engageons instamment les maîtres à montrer aux élèves les figures indiquées dans ce chapitre, non pas sur de beaux tableaux où elles sont agrandies, ni à l'aide de celles qui composent les collections nommées *compendium métrique*. Rien n'est plus facile que de les construire avec des feuilles de carton ; rien n'intéressera plus les élèves si le maître les construit devant eux.

EXEMPLES : la surface d'une feuille de papier, d'une table, d'un mur.

On dit qu'une surface est *plane* quand une règle bien droite peut s'y appliquer exactement dans tous les sens.

EXEMPLES : la surface d'une vitre, d'un plancher. On l'appelle aussi un *plan*.

Les surfaces qui ne sont pas planes sont appelées surfaces *courbes*, par exemple la surface d'un tuyau de poêle, d'une boule, etc.

**93. Droites parallèles.** On appelle droites *parallèles* deux droites qui, tirées sur le même plan, ne se rencontreraient jamais, prolongées indéfiniment ; elles ont entre elles partout la même distance.

EXEMPLES : les deux bords opposés d'une porte ordinaire, les lignes droites tracées sur un papier réglé, les rails d'un chemin de fer, etc.

**94. Angles.** — Un *angle* est la figure formée par deux droites qui partent d'un même point.

La grandeur de l'angle dépend de l'écartement des côtés, et non de leur longueur.

Un angle est *droit* lorsque l'une des droites rencontre l'autre sans pencher d'aucun côté. Les deux bords en longueur et en largeur des feuillets d'un livre forment un angle *droit*. On dit alors que ces deux droites sont *perpendiculaires*.

L'angle droit couvre le quart de l'espace plan qui s'étend tout autour d'un point ; car il faut juste 4 briques carrées assemblées autour du même point pour couvrir un sol uni.

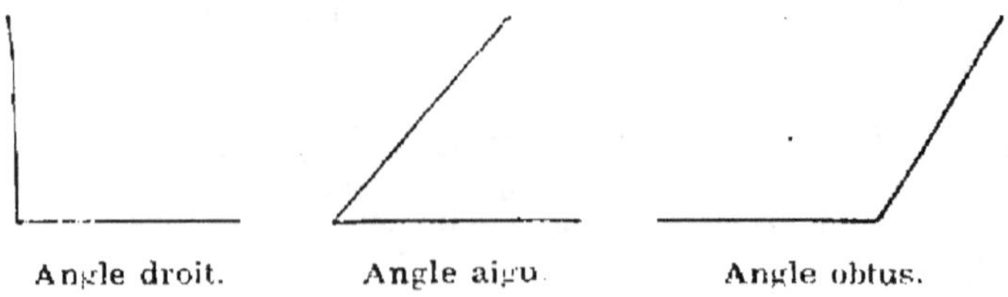

Angle droit.         Angle aigu.         Angle obtus.

On appelle *angle aigu* l'angle qui est plus petit qu'un angle droit.

On appelle *angle obtus* l'angle qui est plus grand qu'un angle droit.

**Remarque.** — Il ne faut pas confondre la *perpendiculaire* avec la *verticale*. On nomme *verticale* la droite figurée par un fil à plomb immobile. Elle est perpendiculaire à la surface de l'eau tranquille, qui est appelée surface *horizontale*. La surface d'une table, d'un plancher sont des surfaces horizontales.

**95. Polygones.** Un *polygone* est une figure plane limitée par des droites, qu'on appelle *côtés* du polygone.

Parmi les polygones on distingue le *triangle*, qui a trois côtés, et le *quadrilatère* qui en a quatre.

Un polygone est *régulier* quand il a ses côtés égaux et ses angles égaux.

Polygone régulier.

Triangle.

Quadrilatère.

**96. Triangles.** — Un triangle *équilatéral* est un triangle qui a ses trois côtés égaux.

Un triangle *isoscèle* est un triangle qui a deux côtés égaux.

Un triangle *rectangle* est un triangle qui a un angle droit. Le côté de ce triangle qui est opposé à l'angle droit est le plus grand des trois ; on le nomme *hypoténuse*.

Triangle équilatéral.

Triangle isocèle.

Triangle rectangle.

**Équerre.** — Une planchette en forme de triangle rectangle servant à tracer les perpendiculaires s'appelle *équerre*.

**97. Quadrilatères.** — Parmi les quadrilatères on distingue le *carré*, le *rectangle*, le *losange* et le *parallélogramme*.

Le *carré* a ses quatre côtés égaux et ses quatre angles droits.

Le *rectangle* a ses quatre angles égaux et ses côtés égaux deux à deux.

Le *losange* a ses quatre côtés égaux, et les angles égaux deux à deux.

Carré.      Rectangle.      Losange.

Le *parallélogramme* a ses côtés opposés parallèles et ses angles opposés égaux, mais non à angles droits.

Parallélogramme.      Trapèze.

Le rectangle se voit partout ; carreaux de vitre, porte à quatre côtés, etc.

Le parallélogramme est la figure donnée souvent aux planchettes qui composent le parquet d'une salle.

On appelle *mètre carré*, un carré dont les côtés ont 1 mètre.

**98. Circonférence.** — La *circonférence* est une ligne courbe fermée qui se décrit à l'aide d'un compas ; pour cela on fixe le bout pointu du compas en un point du papier, et on fait tourner l'autre branche autour de ce point fixe, en ayant soin de conserver le même écartement entre les deux branches.

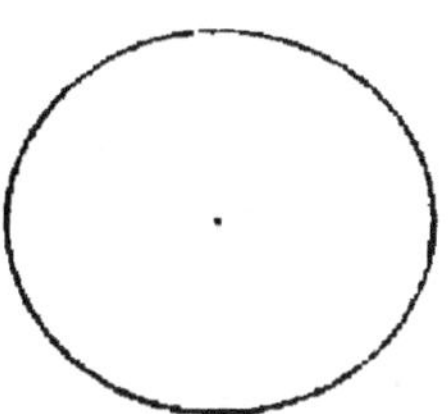

Le point fixe s'appelle *centre*.

*La* **circonférence** *est donc une ligne courbe fermée dont tous les points sont à la même distance d'un même point, nommé* **centre.**

Les droites menées du centre à la circonférence sont nommées *rayons* (comme les rayons d'une roue).

La droite qui passe par le centre et qui se termine à la rencontre de la circonférence est le *diamètre*.

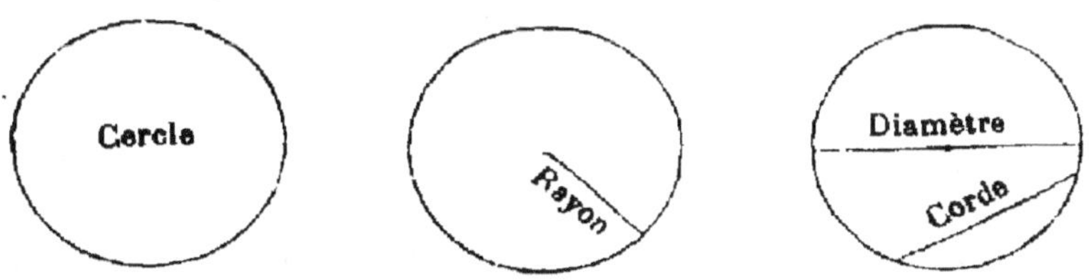


**Remarque.** — Dans le langage ordinaire le mot *cercle* désigne aussi la circonférence ; on dit par exemple un *cercle de tonneau.*

Dans la langue de la géométrie, ce mot désigne la surface enfermée dans la circonférence.

**99. Mesure de la circonférence.** — La longueur de la circonférence, comme si elle était dépliée en ligne droite, est un peu plus grande que trois fois le diamètre.

On peut obtenir sa longueur en multipliant la longueur du diamètre par le nombre 3,14.

Si par exemple le diamètre d'un bassin circulaire avait 4$^m$,5, le contour aurait :

$$4^m,5 \times 3,14 = 14^m,130.$$

Réciproquement quand on mesure le contour d'un cercle, on aura son diamètre en divisant par 3,14 la longueur trouvée sur le contour du cercle.

## § II. — Des corps solides.

**100.** — Les corps solides à faces planes les plus usités sont : le *cube*, le *corps à six faces rectangulaires* où les faces opposées sont égales; le *prisme droit* ayant pour base un polygone quelconque, la *pyramide*.

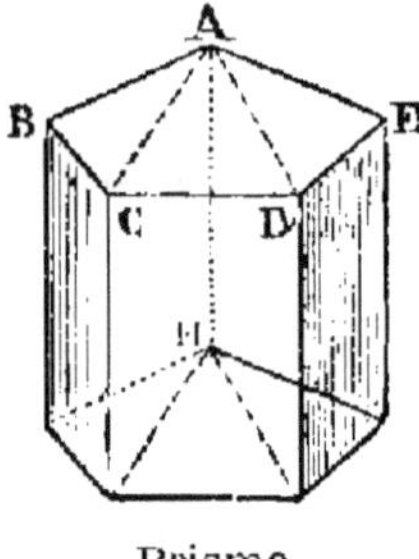

Prisme.

Cube.

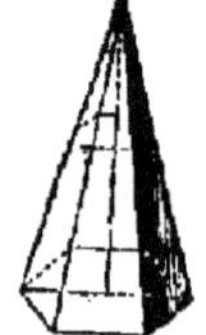
Pyramide.

Le *cube* est figuré par une boîte creuse ou massive formée par six carrés égaux. On appelle *mètre cube* un cube qui a 1 mètre sur ses trois dimensions.

Le *corps à six faces rectangulaires* est la forme d'une poutre équarrie, d'une brique, d'une pile de bois à brûler formée de bûches égales; c'est aussi la forme de la règle de bois à quatre faces dont se servent les écoliers.

Le *prisme droit* est formé, comme le précédent, par des rectangles se terminant aux deux extrémités par deux polygones égaux. Une colonne de bois ou de pierre à six faces est un prisme droit hexagonal.

La *pyramide* est formée de plusieurs triangles aboutissant tous à un même point, et dont les côtés opposés à ce sommet forment un polygone qui est la base de la pyramide.

**101. Corps ronds**. — Les principaux corps ronds sont : le *cylindre*, le *cône* et la *sphère*.

Le *cylindre* a la forme d'un tuyau de poêle de même largeur dans toute son étendue, et terminé à ses deux bouts par deux cercles égaux. Il peut être creux ou massif.

Le *cône* est un corps terminé en pointe comme la pyramide et limité à l'opposé par un cercle qui en est la base.

La *sphère* est un corps semblable à une boule parfaitement ronde. Tous les points de sa surface sont également distants d'un point intérieur nommé *centre*.

Les droites égales menées du centre à la surface sont les *rayons* de la sphère.

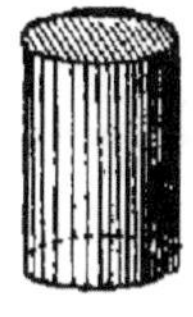

Cylindre.

Cône.

Sphère.

# EXERCICES ORAUX

**521**. — Qu'est-ce qu'une ligne, une ligne droite, une ligne brisée, une ligne courbe? Tracez ces lignes sur le tableau. Donnez-en des exemples.

**522**. — Qu'est-ce qu'une surface, une surface plane? — Qu'appelle-t-on droites parallèles? Montrez-en des exemples.

**523**. — Qu'est-ce qu'un angle? Qu'est-ce que l'angle droit, l'angle aigu, l'angle obtus? Qu'appelle-t-on droites perpendiculaires?

**524**. — Qu'appelle-t-on polygone? — Qu'est-ce qu'un triangle, un triangle équilatéral, un triangle isocèle, un triangle rectangle? — Qu'est-ce que l'équerre à dessiner?

**525**. — Qu'est-ce qu'un quadrilatère? Nommez les principaux quadrilatères, ceux qui sont les plus employés. Montrez-en des exemples.

**526**. — Qu'est-ce que la circonférence? Comment la décrit-on? — Y a-t-il une différence de sens entre les noms *ciconférence* et *cercle*? — Qu'appelle-t-on *rayon* et *diamètre*?

**527**. — Comment calcule-t-on le contour de la circonférence quand on connaît son diamètre?

**528**. — Comment calcule-t-on le diamètre et le rayon quand on connaît le contour de la circonférence?

**529**. — Expliquez les deux principaux corps solides, le *cube* et le corps à six faces rectangulaires. Montrez-en des exemples.

**530**. — Qu'est-ce qu'un prisme droit? Donnez-en des exemples.

**531**. — Qu'est-ce qu'une pyramide?

**532**. — Quels sont les principaux corps ronds?

**533**. — Qu'est-ce qu'un cylindre? Comment peut-on le construire? Citez des exemples.

**534**. — Qu'est-ce que le cône?

**535**. — Qu'est-ce que la sphère?

# EXERCICES SUR L'ADDITION

*Additions à effectuer.*

| 527. — 2548 | 537. — 9143 | 547. — 2524 | 557. — 6260 | 567. — 1357 |
|---|---|---|---|---|
| 3657 | 8267 | 3636 | 728 | 9135 |
| 4835 | 941 | 5272 | 1369 | 2468 |
| 5630 | 1774 | 941 | 7021 | 246 |
| **528.** — 4625 | **538.** — 2787 | **548.** — 7625 | **558.** — 3674 | **568.** — 8223 |
| 3287 | 3078 | 2315 | 2129 | 2425 |
| 1906 | 6748 | 8717 | 4207 | 3738 |
| 874 | 542 | 419 | 508 | 4345 |
| **529.** — 9064 | **539.** — 4261 | **549.** — 1287 | **559.** — 3748 | **569.** — 5664 |
| 8325 | 3209 | 3190 | 7525 | 7678 |
| 7417 | 644 | 4148 | 3971 | 8183 |
| 2548 | 91 | 1064 | 606 | 9699 |
| **530.** — 1625 | **540.** — 8877 | **550.** — 2007 | **560.** — 3097 | **570.** — 687 |
| 197 | 9076 | 3609 | 4025 | 1029 |
| 798 | 3471 | 4075 | 5708 | 3078 |
| 8625 | 828 | 5621 | 9007 | 4916 |
| **531.** — 3448 | **541.** — 3852 | **551.** — 8767 | **561.** — 1768 | **571.** — 8900 |
| 765 | 5282 | 3072 | 5287 | 7302 |
| 897 | 2358 | 6029 | 9856 | 6417 |
| 1649 | 8325 | 338 | 3724 | 3813 |
| **532.** — 5824 | **542.** — 6543 | **552.** — 4072 | **562.** — 1345 | **572.** — 9068 |
| 3079 | 5426 | 597 | 6252 | 7043 |
| 2607 | 7063 | 321 | 9701 | 1967 |
| 948 | 425 | 1416 | 118 | 3025 |
| **533.** — 2377 | **543.** — 8106 | **553.** — 4025 | **563.** — 2379 | **573.** — 1887 |
| 4065 | 391 | 1974 | 4567 | 6335 |
| 946 | 7430 | 3628 | 8107 | 1028 |
| 4029 | 927 | 2075 | 6121 | 329 |
| **534.** — 5025 | **544.** — 1237 | **554.** — 3526 | **564.** — 3124 | **574.** — 743 |
| 6706 | 4569 | 7321 | 7096 | 6025 |
| 3742 | 748 | 4976 | 823 | 1948 |
| 718 | 75 | 7783 | 1027 | 2075 |
| **535.** — 349 | **545.** — 483 | **555.** — 914 | **565.** — 3199 | **575.** — 3306 |
| 1897 | 975 | 8761 | 4776 | 4887 |
| 603 | 1624 | 5420 | 917 | 7677 |
| 2809 | 972 | 399 | 826 | 9875 |
| **536.** — 948 | **546.** — 3639 | **556** — 3479 | **566.** — 1099 | **576.** — 1589 |
| 1697 | 4884 | 5679 | 1492 | 2025 |
| 2812 | 619 | 8307 | 3717 | 3048 |
| 819 | 1996 | 674 | 525 | 7721 |

| | | | |
|---|---|---|---|
| **577.** 848,37<br>718,43<br>98,75<br>125,31<br>913,41 | **585.** 98,95<br>108,27<br>817,33<br>745,55<br>249,35 | **593.** — 325,45<br>1813,25<br>3617,65<br>916,20<br>795,60 | **601.** — 3721,48<br>2017,34<br>523,75<br>817,93<br>1053,19 |
| **578.** — 524,46<br>359,27<br>1024,32<br>297,65<br>82,75 | **586.** — 148,25<br>7043,47<br>835,23<br>96,95<br>1035,29 | **594.** — 4816,35<br>318,45<br>432,71<br>525,80<br>732,90 | **602.** — 843,28<br>637,54<br>916,11<br>1028,45<br>497,15 |
| **579.** 941,25<br>874,35<br>1425,32<br>948,28<br>630,55 | **587.** 342,75<br>1918,27<br>214,33<br>516,40<br>2091,70 | **595.** — 445,85<br>2417,15<br>816,05<br>90,95<br>1814,25 | **603.** — 4315,70<br>528,37<br>419,53<br>213,05<br>1218,00 |
| **580.** — 142,50<br>254,75<br>318,85<br>416,32<br>592,23 | **588.** — 664,25<br>708,30<br>890,35<br>1915,46<br>125,00 | **596.** 310,65<br>445,95<br>719,60<br>872,90<br>2322,45 | **604.** — 975,18<br>324,14<br>1309,55<br>848,33<br>1004,20 |
| **581.** — 145,60<br>76,75<br>192,15<br>207,05<br>359,90 | **589.** 718,55<br>317,23<br>415,77<br>3072,45<br>874,50 | **597.** — 1234,58<br>632,22<br>159,74<br>2108,21<br>970,45 | **605.** — 345,10<br>286,44<br>1372,71<br>809,90<br>2648,35 |
| **582.** 223,70<br>448,35<br>1774,10<br>909,25<br>1318,75 | **590.** — 448,45<br>2306,05<br>2743,17<br>882,43<br>94,15 | **598.** 358,16<br>2517,24<br>3072,42<br>913,88<br>1407,85 | **606.** — 451,10<br>803,54<br>1606,33<br>848,25<br>641,72 |
| **583.** — 172,75<br>284,85<br>721,76<br>4817,59<br>378,21 | **591.** 742,25<br>817,17<br>471,23<br>908,95<br>3625,00 | **599.** 544,45<br>1632,43<br>928,57<br>409,11<br>824,04 | **607.** — 887,76<br>743,25<br>917,48<br>4077,65<br>919,12 |
| **584.** 388,17<br>943,53<br>4917,35<br>796,25<br>109,40 | **592.** 8751,12<br>3742,54<br>9251,24<br>397,70<br>810,50 | **600.** — 2651,45<br>941,75<br>848,45<br>1276,30<br>495,25 | **608.** — 1406,05<br>2075,20<br>3906,40<br>5403,75<br>875,10 |

| | | | |
|---|---|---|---|
| **609.** — 843,75<br>4 625,85<br>3 028,25<br>297,95<br>6 225,35<br>2 095,40 | **616.** — 224,45<br>6 329,50<br>3 275,25<br>2 689,70<br>4 255,20<br>975,85 | **623.** — 1 221,25<br>3 692,77<br>728,34<br>9 421,52<br>438,56<br>275,40 | **630.** — 945,25<br>1 025,35<br>76,95<br>109,25<br>97,00<br>229,45 |
| **610.** — 543,25<br>632,72<br>917,05<br>1 613,59<br>815,24<br>152,75 | **617.** — 3 625,20<br>943,65<br>1 882,35<br>747,15<br>975,25<br>2 043,05 | **624.** — 748,25<br>857,90<br>1 632,54<br>947,41<br>308,80<br>2 543,85 | **631.** — 510,10<br>871,95<br>4 075,27<br>368,05<br>140,73<br>548,25 |
| **611.** — 1 541,30<br>2 417,43<br>7 512,52<br>653,05<br>785,75<br>195,30 | **618.** — 992,97<br>1 423,23<br>847,38<br>90,90<br>767,45<br>39,25 | **625.** — 1 884,31<br>732,43<br>1 833,14<br>844,52<br>719,55<br>306,44 | **632.** — 2 255,40<br>3 031,35<br>1 684,20<br>991,95<br>718,15<br>345,20 |
| **612.** — 451,42<br>375,74<br>1 859,43<br>711,52<br>345,55<br>137,49 | **619.** — 1 801,16<br>948,54<br>1 775,25<br>912,39<br>75,11<br>2 308,54 | **626.** — 629,45<br>1 608,54<br>341,52<br>946,35<br>2,807,25<br>744,20 | **633.** — 1 745,40<br>2 308,65<br>4 617,21<br>887,45<br>543,74<br>635,45 |
| **613.** — 678,55<br>787,40<br>514,28<br>3 472,51<br>724,35<br>375,40 | **620.** — 525,50<br>636,65<br>747,55<br>878,20<br>4 535,75<br>761,15 | **627.** — 2 608,25<br>3 494,75<br>1 025,42<br>767,35<br>937,25<br>5 623,33 | **634.** — 9 600,05<br>7 895,20<br>3 206,65<br>472,85<br>839,50<br>1 275,75 |
| **614.** — 741,00<br>877,15<br>1 608,35<br>2 094,55<br>542,30<br>875,40 | **621.** — 148,85<br>260,75<br>948,25<br>1 307,80<br>787,90<br>630,95 | **628.** — 8 635,05<br>4 335,40<br>9 625,15<br>877,75<br>1 305,70<br>778,75 | **635.** — 224,48<br>375,52<br>1 639,30<br>1 843,25<br>390,90<br>748,65 |
| **615.** — 444,15<br>565,35<br>6 428,40<br>3 922,25<br>712,32<br>975,33 | **622.** — 891,70<br>1 692,42<br>3 777,25<br>848,48<br>165,75<br>204,05 | **629.** — 7 482,15<br>375,75<br>4 108,35<br>9 140,00<br>781,32<br>607,05 | **636.** — 1 040,20<br>3 085,35<br>916,48<br>744,42<br>435,35<br>693,30 |

# EXERCICES SUR LA SOUSTRACTION

| | | | |
|---|---|---|---|
| **637.** — 24 208<br>9 625 | **655.** — 32 743<br>9 819 | **673.** — 54 307<br>28 742 | **691.** — 31 375<br>9 225 |
| **638.** — 16 308<br>9 145 | **656.** — 22 813<br>19 485 | **674.** — 50 248<br>3 925 | **692.** — 42 041<br>9 928 |
| **639.** — 10 925<br>8 497 | **657.** — 32 647<br>29 158 | **675.** — 43 219<br>37 175 | **693.** — 56 047<br>39 094 |
| **640.** — 24 425<br>19 651 | **658.** — 60 418<br>9 451 | **676.** — 60 975<br>9 855 | **694.** — 68 041<br>19 618 |
| **641.** — 54 208<br>18 791 | **659.** — 78 305<br>19 704 | **677.** — 77 604<br>18 768 | **695.** — 79 208<br>39 918 |
| **642.** — 64 301<br>59 108 | **660.** — 80 253<br>76 281 | **678.** — 81 454<br>78 928 | **696.** — 82 375<br>60 789 |
| **643.** — 20 697<br>9 819 | **661.** — 94 008<br>25 835 | **679.** — 95 060<br>26 475 | **697.** — 92 075<br>29 941 |
| **644.** — 31 401<br>29 208 | **662.** — 52 635<br>29 354 | **680.** — 64 308<br>29 794 | **698.** — 26 315<br>24 978 |
| **645.** — 32 807<br>27 495 | **663.** — 30 525<br>20 872 | **681.** — 31 075<br>21 630 | **699.** — 36 908<br>17 899 |
| **646.** — 37 649<br>32 651 | **664.** — 43 256<br>39 628 | **682** — 44 027<br>27 305 | **700.** — 40 830<br>39 992 |
| **647.** — 43 540<br>28 459 | **665.** — 50 341<br>29 359 | **683.** — 56 021<br>34 074 | **701.** — 52 341<br>45 274 |
| **648.** — 45 430<br>35 975 | **666.** — 64 765<br>59 275 | **684.** — 68 075<br>46 787 | **702.** — 61 225<br>39 772 |
| **649.** — 47 250<br>18 765 | **667.** — 92 025<br>83 058 | **685.** — 91 774<br>87 679 | **703.** — 90 270<br>77 269 |
| **650.** — 56 780<br>54 391 | **668.** — 84 078<br>77 081 | **686.** — 79 060<br>63 095 | **704.** — 68 603<br>54 778 |
| **651.** — 67 840<br>16 981 | **669.** — 19 284<br>9 928 | **687.** — 10 632<br>9 654 | **705.** — 24 043<br>12 748 |
| **652.** — 27 741<br>25 987 | **670.** — 71 234<br>57 425 | **688.** — 74 321<br>68 294 | **706.** — 67 680<br>50 708 |
| **653.** — 76 543<br>60 837 | **671.** — 40 350<br>27 821 | **689.** — 48 250<br>37 894 | **707.** — 46 300<br>25 820 |
| **654.** — 13 648<br>12 950 | **672.** — 34 341<br>25 758 | **690.** — 39 607<br>25 809 | **708.** — 45 495<br>35 999 |

| | | | |
|---|---|---|---|
| **709.** — 1 480,25<br>942 50 | **727.** — 2 354,35<br>1 849,50 | **745.** — 4 632,15<br>2 657,45 | **763.** — 8 064,95<br>7 429,58 |
| **710.** — 2 643,25<br>986,40 | **728.** — 3 456,48<br>2 784,60 | **746.** — 6 038,55<br>4 354,25 | **764.** — 5 050,45<br>3 084,20 |
| **711.** — 3 748,00<br>519,45 | **729.** — 4 245,75<br>3 872,80 | **747.** — 7 043,20<br>6 256,50 | **765.** — 4 506,32<br>3 954,72 |
| **712.** — 8 445,25<br>3 778,15 | **730.** — 5 600,20<br>4 807,40 | **748.** — 6 407,25<br>3 952,45 | **766.** — 3 409,10<br>3 258,60 |
| **713.** — 6 704,20<br>2 886,75 | **731.** — 3 019,45<br>2 642,55 | **749.** — 1 063,40<br>984,55 | **767.** — 2 600,45<br>1 945,20 |
| **714.** — 7 043,70<br>2 855,15 | **732.** — 4 141,61<br>2 856,35 | **750.** — 2 356,29<br>1 837,45 | **768.** — 1 420,72<br>1 275,45 |
| **715.** — 6 042,25<br>3 957,12 | **733.** — 5 025,41<br>3 851,48 | **751.** — 3 210,08<br>2 654,09 | **769.** — 2 021,65<br>1 634,25 |
| **716.** — 2 054,45<br>1 856,35 | **734.** — 6 112,42<br>3 243,51 | **752.** — 4 567,60<br>2 528,45 | **770.** — 3 767,90<br>2 982,45 |
| **717.** — 3 306,21<br>2 859,40 | **735.** — 2 024,72<br>1 652,25 | **753.** — 3 141,51<br>2 654,25 | **771.** — 4 778,00<br>2 829,60 |
| **718.** — 4 022,60<br>3 654,35 | **736.** — 3 343,06<br>2 559,48 | **754.** — 2 840,17<br>1 575,85 | **772.** — 3 909,28<br>2 709,75 |
| **719.** — 5 560,45<br>2 754,55 | **737.** — 5 030,25<br>3 650,72 | **755.** — 3 600,25<br>2 804,75 | **773.** — 4 347,36<br>2 739,18 |
| **720.** — 6 400,15<br>3 925,50 | **738.** — 4 308,80<br>2 745,75 | **756.** — 4 225,06<br>2 639,25 | **774.** — 7 042,70<br>5 639,27 |
| **721.** — 7 042,20<br>3 254,17 | **739.** — 6 030,40<br>2 830,75 | **757.** — 5 455,00<br>3 548,15 | **775.** — 6 741,25<br>2 739,72 |
| **722.** — 8 406,42<br>7 359,25 | **740.** — 4 876,27<br>2 959,42 | **758.** — 3 884,08<br>2 785,24 | **776.** — 3 636,36<br>2 928,29 |
| **723.** — 9 940,15<br>8 659,25 | **741.** — 5 127,31<br>2 341,52 | **759.** — 4 210,19<br>2 735,15 | **777.** — 4 158,32<br>3 764,16 |
| **724.** — 8 425,70<br>7 632,59 | **742.** — 6 720,72<br>3 943,26 | **760.** — 5 227,47<br>3 259,12 | **778.** — 3 101,29<br>2 748,54 |
| **725.** — 7 620,40<br>3 954,35 | **743.** — 4 017,16<br>2 026,54 | **761.** — 6 620,20<br>3 742,50 | **779.** — 4 141,60<br>2 653,25 |
| **726.** — 6 223,05<br>3 257,15 | **744.** — 3 047,48<br>2 653,25 | **762.** — 7 421,21<br>3 052,01 | **780.** — 2 806,40<br>2 759,54 |

# EXERCICES SUR LA MULTIPLICATION

| | | | |
|---|---|---|---|
| **781.** — 23642<br>528 | **799.** — 32064<br>845 | **817.** — 45028<br>327 | **835.** — 5643<br>358 |
| **782.** — 36454<br>1850 | **800.** — 13526<br>4530 | **818.** — 8527<br>1643 | **836.** — 24319<br>1503 |
| **783.** — 56431<br>839 | **801.** — 2547<br>1709 | **819.** — 36758<br>374 | **837.** — 48319<br>526 |
| **784.** — 6275<br>1560 | **802.** — 41542<br>238 | **820.** — 56301<br>914 | **838.** — 46075<br>1420 |
| **785.** — 71213<br>382 | **803.** — 42675<br>459 | **821.** — 52743<br>1808 | **839.** — 47095<br>1250 |
| **786.** — 8978<br>416 | **804.** — 43048<br>643 | **822.** — 50632<br>749 | **840.** — 40763<br>1360 |
| **787.** — 12731<br>538 | **805.** — 44506<br>775 | **823.** — 51408<br>848 | **841.** — 49025<br>2425 |
| **788.** — 13562<br>748 | **806.** — 45398<br>895 | **824.** — 53074<br>867 | **842.** — 48072<br>2430 |
| **789.** — 15947<br>2603 | **807.** — 52632<br>674 | **825.** — 56740<br>676 | **843.** — 58394<br>625 |
| **790.** — 23426<br>854 | **808.** — 53481<br>2605 | **826.** — 48704<br>7607 | **844.** — 35648<br>8407 |
| **791.** — 24874<br>974 | **809.** — 32054<br>2741 | **827.** — 38065<br>2887 | **845.** — 39075<br>2895 |
| **792.** — 25070<br>238 | **810.** — 40681<br>3704 | **828.** — 40359<br>3902 | **846.** — 40876<br>3803 |
| **793.** — 26940<br>1540 | **811.** — 9429<br>1608 | **829.** — 9874<br>2307 | **847.** — 9927<br>3506 |
| **794.** — 27879<br>2350 | **812.** — 19072<br>2805 | **830.** — 19184<br>2740 | **848.** — 19265<br>2690 |
| **795.** — 30345<br>526 | **813.** — 23481<br>1845 | **831.** — 24586<br>1762 | **849.** — 22794<br>1664 |
| **796.** — 31528<br>743 | **814.** — 37802<br>2067 | **832.** — 37495<br>4074 | **850.** — 40531<br>1880 |
| **797.** — 33497<br>625 | **815.** — 38703<br>2085 | **833.** — 37526<br>5056 | **851.** — 40874<br>1309 |
| **798.** — 39620<br>382 | **816.** — 39905<br>2098 | **834.** — 37978<br>6037 | **852.** — 40997<br>1407 |

| | | | |
|---|---|---|---|
| **853**. — 7 294,2 <br> 76,14 | **871**. — 9626,5 <br> 14,85 | **889**. — 83,421 <br> 6,254 | **907**. — 37,483 <br> 19,56 |
| **854**. — 1 369,4 <br> 7,54 | **872**. — 265,42 <br> 32,57 | **890**. — 403,55 <br> 28,04 | **908**. — 387,84 <br> 29,05 |
| **855**. — 1 453,7 <br> 24,08 | **873**. — 3 497,5 <br> 86,25 | **891**. — 7 764,7 <br> 198,5 | **909**. — 839,70 <br> 36,48 |
| **856**. — 2 476,7 <br> 137,4 | **874**. — 438,75 <br> 16,28 | **892**. — 7 243,9 <br> 526,4 | **910**. — 8 274,45 <br> 85,6 |
| **857**. — 3 529,2 <br> 48,05 | **875**. — 458,45 <br> 235,6 | **893**. — 6 743,4 <br> 815,6 | **911**. — 6 340,2 <br> 26,03 |
| **858**. — 7 489,8 <br> 276,8 | **876**. — 3 645,2 <br> 262,5 | **894**. — 1 520,25 <br> 26,82 | **912**. — 3 405,75 <br> 23,54 |
| **859**. — 563,74 <br> 18,82 | **877**. — 3 243,3 <br> 625,1 | **895**. — 594,38 <br> 76,25 | **913**. — 635,74 <br> 29,65 |
| **860**. — 674,57 <br> 26,25 | **878**. — 4 256,25 <br> 22,06 | **896**. — 8 321,2 <br> 134,5 | **914**. — 863,72 <br> 17,45 |
| **861**. — 849,48 <br> 76,35 | **879**. — 1 459,28 <br> 36,05 | **897**. — 7 348,5 <br> 4 264 | **915**. — 326,44 <br> 885 |
| **862**. — 1 764,8 <br> 18,06 | **880**. — 4 935,2 <br> 62,41 | **898**. — 934,56 <br> 3,85 | **916**. — 887,52 <br> 84,5 |
| **863**. — 2 436,5 <br> 825,4 | **881**. — 2 536,42 <br> 14,35 | **899**. — 563,43 <br> 25,64 | **917**. — 587,48 <br> 34,65 |
| **864**. — 2 534,8 <br> 23,55 | **882**. — 5 639,8 <br> 54,7 | **900**. — 894,54 <br> 79,5 | **918**. — 1 635,75 <br> 54,8 |
| **865**. — 3 495,8 <br> 235,6 | **883**. — 6 845,4 <br> 327,5 | **901**. — 807,25 <br> 23,54 | **919**. — 625,92 <br> 32,85 |
| **866**. — 3 594,4 <br> 356,5 | **884**. — 6 042,8 <br> 86,45 | **902**. — 7 630,25 <br> 48,4 | **920**. — 2 063,45 <br> 25,24 |
| **867**. — 4 351,65 <br> 26,14 | **885**. — 7 430,7 <br> 69,5 | **903**. — 7 924,6 <br> 423,5 | **921**. — 7 839,4 <br> 724,5 |
| **868**. — 4 072,6 <br> 234,5 | **886**. — 7 308,6 <br> 73,9 | **904**. — 625,45 <br> 32,36 | **922**. — 6 043,24 <br> 128,5 |
| **869**. — 4 807,4 <br> 38,25 | **887**. — 862,54 <br> 324,5 | **905**. — 985,25 <br> 74,5 | **923**. — 9 495,6 <br> 394,5 |
| **870**. — 5 630,8 <br> 482,5 | **888**. — 8 069,08 <br> 13,05 | **906**. — 9 630,8 <br> 85,6 | **924**. — 9 527,8 <br> 37,5 |

# EXERCICES SUR LA DIVISION

*Calculer les entiers du quotient.*

| | | | |
|---|---|---|---|
| 925. — $\dfrac{484635}{245}$ | 940. — $\dfrac{887763}{512}$ | 955. — $\dfrac{795964}{369}$ | 970. — $\dfrac{743265}{283}$ |
| 926. — $\dfrac{654938}{254}$ | 941. — $\dfrac{827820}{420}$ | 956. — $\dfrac{279606}{378}$ | 971. — $\dfrac{882634}{282}$ |
| 927. — $\dfrac{804600}{236}$ | 942. — $\dfrac{396001}{431}$ | 957. — $\dfrac{943525}{376}$ | 972. — $\dfrac{900600}{484}$ |
| 928. — $\dfrac{706920}{258}$ | 943. — $\dfrac{454582}{405}$ | 958. — $\dfrac{778968}{872}$ | 973. — $\dfrac{835620}{284}$ |
| 929. — $\dfrac{35245}{328}$ | 944. — $\dfrac{675350}{965}$ | 959. — $\dfrac{697000}{377}$ | 974. — $\dfrac{599742}{286}$ |
| 930. — $\dfrac{695230}{856}$ | 945. — $\dfrac{784256}{454}$ | 960. — $\dfrac{320250}{375}$ | 975. — $\dfrac{496520}{587}$ |
| 931. — $\dfrac{960081}{554}$ | 946. — $\dfrac{906408}{666}$ | 961. — $\dfrac{482735}{779}$ | 976. — $\dfrac{298376}{285}$ |
| 932. — $\dfrac{835673}{653}$ | 947. — $\dfrac{296008}{458}$ | 962. — $\dfrac{692834}{582}$ | 977. — $\dfrac{686504}{788}$ |
| 933. — $\dfrac{529557}{501}$ | 948. — $\dfrac{797864}{978}$ | 963. — $\dfrac{528365}{386}$ | 978. — $\dfrac{369458}{289}$ |
| 934. — $\dfrac{969210}{541}$ | 949. — $\dfrac{301250}{482}$ | 964. — $\dfrac{298603}{385}$ | 979. — $\dfrac{7564302}{399}$ |
| 935. — $\dfrac{492714}{838}$ | 950. — $\dfrac{584250}{485}$ | 965. — $\dfrac{746028}{818}$ | 980. — $\dfrac{614952}{292}$ |
| 936. — $\dfrac{619815}{634}$ | 951. — $\dfrac{498635}{981}$ | 966. — $\dfrac{490906}{391}$ | 981. — $\dfrac{982345}{494}$ |
| 937. — $\dfrac{743964}{532}$ | 952. — $\dfrac{245624}{491}$ | 967. — $\dfrac{796348}{392}$ | 982. — $\dfrac{796385}{893}$ |
| 938. — $\dfrac{867453}{621}$ | 953. — $\dfrac{359297}{492}$ | 968. — $\dfrac{769423}{896}$ | 983. — $\dfrac{980678}{295}$ |
| 939. — $\dfrac{435175}{515}$ | 954. — $\dfrac{428796}{495}$ | 969. — $\dfrac{643935}{397}$ | 984. — $\dfrac{917244}{298}$ |

*Calculer le quotient jusqu'aux centièmes.*

| | | | | |
|---|---|---|---|---|
| **985.** — $\dfrac{8254}{631}$ | **1000.** — $\dfrac{3006}{409}$ | **1015.** — $\dfrac{3651}{533}$ | **1030.** — $\dfrac{4262}{610}$ | **1045.** — $\dfrac{4554}{524}$ |
| **986.** — $\dfrac{7643}{843}$ | **1001.** — $\dfrac{4055}{516}$ | **1016.** — $\dfrac{5315}{615}$ | **1031.** — $\dfrac{5861}{535}$ | **1046.** — $\dfrac{4915}{721}$ |
| **987.** — $\dfrac{8954}{957}$ | **1002.** — $\dfrac{5248}{858}$ | **1017.** — $\dfrac{5068}{549}$ | **1032.** — $\dfrac{5941}{725}$ | **1047.** — $\dfrac{8865}{618}$ |
| **988.** — $\dfrac{4595}{695}$ | **1003.** — $\dfrac{5365}{945}$ | **1018.** — $\dfrac{3260}{619}$ | **1033.** — $\dfrac{3543}{733}$ | **1048.** — $\dfrac{4416}{754}$ |
| **989.** — $\dfrac{5225}{718}$ | **1004.** — $\dfrac{5656}{847}$ | **1019.** — $\dfrac{2896}{646}$ | **1034.** — $\dfrac{3284}{572}$ | **1049.** — $\dfrac{5635}{638}$ |
| **990.** — $\dfrac{6375}{692}$ | **1005.** — $\dfrac{4845}{832}$ | **1020.** — $\dfrac{9643}{507}$ | **1035.** — $\dfrac{8885}{691}$ | **1050.** — $\dfrac{7772}{512}$ |
| **991.** — $\dfrac{7835}{815}$ | **1006.** — $\dfrac{4950}{715}$ | **1021.** — $\dfrac{9949}{643}$ | **1036.** — $\dfrac{8064}{865}$ | **1051.** — $\dfrac{7063}{768}$ |
| **992.** — $\dfrac{7415}{792}$ | **1007.** — $\dfrac{4392}{749}$ | **1022.** — $\dfrac{8041}{525}$ | **1037.** — $\dfrac{6305}{511}$ | **1052.** — $\dfrac{6408}{649}$ |
| **993.** — $\dfrac{8921}{451}$ | **1008.** — $\dfrac{3029}{633}$ | **1023.** — $\dfrac{7677}{665}$ | **1038.** — $\dfrac{6996}{672}$ | **1053.** — $\dfrac{8998}{919}$ |
| **994.** — $\dfrac{8144}{464}$ | **1009.** — $\dfrac{3074}{642}$ | **1024.** — $\dfrac{3644}{521}$ | **1039.** — $\dfrac{3770}{777}$ | **1054.** — $\dfrac{2880}{687}$ |
| **995.** — $\dfrac{6626}{842}$ | **1010.** — $\dfrac{4004}{708}$ | **1025.** — $\dfrac{4050}{685}$ | **1040.** — $\dfrac{4580}{783}$ | **1055.** — $\dfrac{6846}{523}$ |
| **996.** — $\dfrac{6743}{759}$ | **1011.** — $\dfrac{4625}{306}$ | **1026.** — $\dfrac{2955}{526}$ | **1041.** — $\dfrac{3068}{691}$ | **1056.** — $\dfrac{4120}{989}$ |
| **997.** — $\dfrac{8856}{967}$ | **1012.** — $\dfrac{8080}{951}$ | **1027.** — $\dfrac{3439}{688}$ | **1042.** — $\dfrac{5858}{782}$ | **1057.** — $\dfrac{5743}{528}$ |
| **998.** — $\dfrac{7743}{884}$ | **1013.** — $\dfrac{6509}{854}$ | **1028.** — $\dfrac{2625}{584}$ | **1043.** — $\dfrac{2943}{596}$ | **1058.** — $\dfrac{1969}{698}$ |
| **999.** — $\dfrac{5960}{743}$ | **1014.** — $\dfrac{6761}{796}$ | **1029.** — $\dfrac{1884}{598}$ | **1044.** — $\dfrac{3964}{695}$ | **1059.** — $\dfrac{7961}{589}$ |

## Calculer le quotient jusqu'aux centièmes.

1060. — $\dfrac{4634,48}{345}$    1075. — $\dfrac{5612,41}{32,5}$    1090. — $\dfrac{674,542}{42,5}$    1105. — $\dfrac{456,342}{242}$

1061. — $\dfrac{5215,82}{518}$    1076. — $\dfrac{7358,16}{42,51}$    1091. — $\dfrac{72549}{8,43}$    1106. — $\dfrac{1543,48}{56,17}$

1062. — $\dfrac{6315,48}{717}$    1077. — $\dfrac{296,74}{3,54}$    1092. — $\dfrac{426,126}{425}$    1107. — $\dfrac{5835,7}{8,43}$

1063. — $\dfrac{535,42}{821}$    1087. — $\dfrac{4362,5}{215}$    1093. — $\dfrac{543,25}{8,63}$    1108. — $\dfrac{35621}{48,3}$

1064. — $\dfrac{1774,91}{549}$    1079. — $\dfrac{514,352}{64,7}$    1094. — $\dfrac{67480}{9,45}$    1109. — $\dfrac{48954,8}{761}$

1065. — $\dfrac{45214.8}{321}$    1080. — $\dfrac{6688,2}{95,12}$    1095. — $\dfrac{485,648}{356}$    1110. — $\dfrac{577,642}{42,7}$

1066. — $\dfrac{1635,484}{15,4}$    1081. — $\dfrac{30287}{34,8}$    1096. — $\dfrac{56352}{3,61}$    1111. — $\dfrac{74325}{9,47}$

1067. — $\dfrac{3964,17}{81,2}$    1082. — $\dfrac{534,832}{76,5}$    1097. — $\dfrac{7639.47}{9,12}$    1112. — $\dfrac{5632,8}{188,5}$

1068. — $\dfrac{4935,17}{841}$    1083. — $\dfrac{81842}{274,1}$    1098. — $\dfrac{416,542}{812}$    1113. — $\dfrac{88786}{77,4}$

1069. — $\dfrac{362,748}{91,63}$    1084. — $\dfrac{56385,4}{9,63}$    1099. — $\dfrac{5172,43}{19,18}$    1114. — $\dfrac{4216,25}{625}$

1070. — $\dfrac{7217,21}{884,1}$    1085. — $\dfrac{4025,16}{695}$    1100. — $\dfrac{7643.75}{817}$    1115. — $\dfrac{4264}{8,423}$

1071. — $\dfrac{4565,48}{305}$    1086. — $\dfrac{5819,48}{13,65}$    1101. — $\dfrac{4072,43}{521}$    1116. — $\dfrac{9635,1}{4,256}$

1072. — $\dfrac{3564,8}{39,65}$    1087. — $\dfrac{445,48}{3,964}$    1102. — $\dfrac{5043,15}{64,8}$    1117. — $\dfrac{18935}{68,43}$

1073. — $\dfrac{176,3}{95}$    1088. — $\dfrac{468,356}{355}$    1103. — $\dfrac{72647}{5,27}$    1118. — $\dfrac{5134,85}{39,39}$

1074. — $\dfrac{5116,25}{18,43}$    1089. — $\dfrac{6561,48}{7,471}$    1104. — $\dfrac{33377,8}{687}$    1119. — $\dfrac{35648,3}{95,82}$

## Problèmes.

**1120.** — Deux ouvriers ont gagné l'un 96 fr., l'autre 147 fr. Quelle somme faut-il pour les payer?

**1121.** — Un marchand de vin avait 2526 bouteilles, il en achète encore 1956. Combien a-t-il de bouteilles en tout?

**1122.** — Quelle recette a faite un marchand auquel on a donné 84 fr., puis 308 fr., et enfin 176 fr?

**1123.** — Quelle somme doit-on débourser pour payer une table qui coûte 18$^f$,50 et une armoire qui vaut 47$^f$,75?

**1124.** — Dans une pépinière il y a 384 pommiers, 185 cerisiers et 312 poiriers. Combien y a-t-il d'arbres en tout?

**1125.** — Un marchand avait 275 oranges; il en a vendu 189. Combien lui en reste-t-il?

**1126.** — Le poêle de la classe coûte 17$^f$,75 et les tuyaux 6$^f$,75. Combien coûte le tout?

**1127.** — Un fournisseur doit livrer 950 couvertures. Il en donne d'abord 275. Combien en doit-il encore?

**1128.** — Une heure a 60 minutes. Combien y a-t-il encore de minutes à s'écouler dans une heure lorsque 27 minutes sont passées?

**1129.** — Un libraire avait 20000 volumes d'un ouvrage; il ne lui en reste plus que 13940. Combien en a-t-il vendu?

**1130.** — Deux chevaux ont été vendus l'un 945 fr., l'autre 1090 fr. Quel est le prix total?

**1131.** — Deux chevaux ont été vendus l'un 1450 fr., l'autre 975 fr. Combien le premier coûte-t-il de plus que le second?

**1132.** — Quelle somme y a-t-il dans 3 sacs, si le premier renferme 985 fr., le deuxième 780 fr. et le troisième 845 fr?

**1133.** — Un homme devait 980$^f$,75; il a donné 635$^f$,85. Quelle somme doit-il encore?

**1134.** — Louis devait 84f,50; il ne doit plus que 58f,75. Quelle somme a-t-il donnée?

**1135.** — Combien a-t-on tiré de pièces de gibier dans une chasse, si on a abattu 28 faisans, 84 perdrix et 35 canards?

**1136.** — Sur une table il y a trois piles de cahiers. La première en renferme 144, la seconde 156 et la troisième 168. Combien y a-t-il de cahiers en tout?

**1137.** — Combien y a-t-il de litres d'huile dans 3 tonneaux dont l'un contient 225 litres, l'autre 228 et le troisième 219?

**1138.** — Dans une cave il y avait 645 bouteilles; on en a retiré 372. Combien en reste-t-il encore?

**1139.** — Dans une cave il y avait 748 bouteilles; on en met encore 125, puis 320. Combien y en a-t-il alors?

**1140.** — Dans une cave il y avait 12500 bouteilles; on y en met encore 3500; plus tard on en retire 8275. Combien reste-t-il alors de bouteilles?

**1141.** — Combien y a-t-il de plumes dans 18 boîtes, si chaque boîte en contient 144?

**1142.** — Pour payer 148 fr., un acheteur donne un billet de 1000 fr. Quelle somme doit-on lui rendre?

**1143.** — Combien y a-t-il de moutons dans 3 troupeaux, si le premier en contient 87, le deuxième 186 et le troisième 149?

**1144.** — Pour payer 645 fr., un acheteur donne un billet de 500 fr. et un billet de 100 fr. Quelle somme doit-il ajouter?

**1145.** — Un tonneau peut contenir 500 litres de vin; on en a déjà mis 328. Combien peut-il encore en recevoir?

**1146.** — Quel est le poids de 3 caisses qui pèsent respectivement 316 kilogr., 425 kilogr. et 294 kilogr?

**1147.** — Dans un magasin il y a 645 sacs de blé, 418 sacs de seigle et 297 sacs d'orge. Combien y a-t-il de sacs en tout?

**1148**. — Combien coûtent 814 mètres de toile à 1$^f$,75 le mètre?

**1149**. — Quel est le prix d'une pièce de velours qui contient 78 mètres à raison de 8$^f$,75 le mètre?

**1150**. — Un fabricant de sabots en a vendu d'abord 312 paires, puis 195 et enfin 217. Combien a-t-il vendu de paires en tout?

**1151**. — Un particulier achète une maison 18600 fr., et donne en acompte 9775 fr. Combien doit-il encore?

**1152**. — Combien y a-t-il de semaines dans 2576 jours?

**1153**. — Combien 3 voitures contiennent-elles d'ardoises, si elles en ont l'une 1680, la seconde 2170 et la troisième 1960?

**1154**. — Un relieur a relié 524 volumes dans le mois de janvier, 495 dans le mois de février et 576 dans le mois de mars. Combien a-t-il relié de volumes en tout?

**1155**. — Une maison a été vendue 28630 fr. Combien coûtait-elle, si l'on a gagné 3680 fr. en la vendant?

**1156**. — Combien coûtent 325 noix à raison de 1$^f$,40 le cent?

**1157**. — Quelle est la longueur totale de 3 rues qui se suivent, si la première a 1254 mètres, la seconde 987 et la troisième 875?

**1158**. — Un ouvrier gagne 3$^f$,75 par jour. Combien aura-t-il gagné en 97 jours?

**1159**. — Que doit-on payer pour 845 mesures de blé à raison de 4$^f$,75 la mesure?

**1160**. — Un fabricant devait fournir 10800 tuiles, il en a déjà donné 3780. Combien en doit-il encore?

**1161**. — Combien d'oranges renferment 3 caisses, si la première en a 365, la seconde 472 et la troisième autant que les deux autres?

**1162**. — Un receveur a encaissé 16325$^f$,50 et a déboursé 9857$^f$,75. Que lui reste-t-il dans sa caisse?

**1163**. — Une roue fait 75 tours à la minute. Combien a-t-elle fait de tours en 75 minutes?

**1164.** — Quelle somme faut-il pour payer 6f,45 de pain, 12f,75 de viande et 4f,50 de vin?

**1165.** — Deux vagons contiennent l'un 9630 kilogr. de charbon, l'autre 7850 kilogr. Combien le premier en contient-il de plus que le second?

**1166.** — Deux vagons sont chargés de charbon. Le premier, qui en contient 9940 kilogr., a 285 kilogr. de plus que le second. Quel est le poids du second?

**1167.** — Deux vagons sont chargés de charbon. Le premier en contient 8540 kilogr. et le second en a 975 kilogr. de plus que le premier. Quel est le poids total des deux vagons?

**1168.** — Quelle est la valeur totale de 17 pièces de 5 fr. et de 45 pièces de 2 francs?

**1169.** — A combien se monte la recette d'un marchand qui a reçu 95f,25, 25f,50, 18f,75 et 55 francs?

**1170.** — On demande le prix de 26 chemises à raison de 4f,25 la chemise?

**1171.** — Un cultivateur a récolté 3685 gerbes. Combien en a-t-il à battre, s'il en a déjà battu 1978?

**1172.** — Combien coûtent 19 litres de liqueur à raison de 2f,75 le demi-litre?

**1173.** — Combien doit-on débourser pour 3 tonneaux de vin qui coûtent l'un 86f,50, l'autre 79f,80 et le troisième 84f,25?

**1174.** — Quel est le prix d'un tonneau d'huile qui a coûté 185 fr. d'achat, 12f,75 de transport et 6f,95 de droits d'entrée?

**1175.** — On donne 5 fr par jour à un ouvrier quand on ne le nourrit pas; quand on le nourrit, on ne lui donne que 3f,25. A combien estime-t-on sa nourriture?

**1176.** — Quel est le gain d'une famille pendant un mois, si le père a gagné 148f,50, la mère 54f,25 et le fils aîné 48f,30?

**1177.** — Combien renferme de sacs un navire dont le chargement se compose de 348 sacs de blé, 185 d'orge, 248 de café et 209 de riz?

**1178.** — Combien un cheval qui coûte 1 285 fr. vaut-il de plus qu'un bœuf qui ne coûte que 678 fr. ?

**1179.** — Le département de la Seine avait 3 340 500 habitants au recensement de 1896; la ville de Paris comptait à elle seule 2 526 800 habitants. Quelle était la population du reste du département ?

**1180.** — Combien coûtent 48 tonneaux de harengs à raison de 21$^f$,80 le tonneau ?

**1181.** — Une armée qui comptait 45 600 hommes a perdu 4 856 hommes dans un combat. Combien en a-t-elle encore ?

**1182.** — La façade d'une maison a 48 croisées; chaque croisée compte 12 carreaux. Quel est le nombre de carreaux de toute la façade ?

**1183.** — Un mètre de velours soie vaut 21$^f$,50, un mètre de drap ne vaut que 12$^f$,80. Combien la soie vaut-elle de plus que le drap par mètre ?

**1184.** — Quel est le prix de 18 654 fusils de guerre à 10$^f$,75 le fusil ?

**1185.** — Quel est le nombre de lignes contenues dans un livre de 284 pages, si chaque page a 38 lignes ?

**1186.** — Lorsqu'un mètre de tuyau de plomb coûte 1$^f$,45 et pèse 3 kilogr., quel est le prix et le poids d'un tuyau qui a 1 428 mètres ?

**1187.** — Dans une famille le père gagne 4$^f$,75 par jour et deux enfants chacun 2$^f$,25. Quel est le gain total par jour ?

**1188.** — Un ouvrier a gagné dans un mois 176$^f$,50; on ne lui a donné que 128$^f$,75. Quelle somme lui doit-on encore ?

**1189.** — Quel est le poids de 4 vagons de houille, si le premier en contient 3 140 kilogr, le second 4 540 kilogr., le troisième 3 850 kilogr., le quatrième 4 185 kilogr ?

**1190.** — De Paris à Nice il y a 1 088 kilomètres par le chemin de fer; un train a déjà parcouru 695 kilomètres. Quel chemin a-t-il encore à faire ?

**1191.** — Combien y a-t-il de kilomètres de Paris à Toulouse par le chemin de fer ? De Paris à Orléans on compte 121 kilomètres, d'Orléans à Limoges 279, de Limoges à Figeac 192, et de Figeac à Toulouse 159?

**1192.** — Quelle somme faut-il pour payer une veste de 18$^f$,50, un pantalon de 15 fr., un gilet de 8$^f$,90 et une cravate de 1$^f$,50?

**1193.** — Combien coûtent 3 vagons de blé renfermant chacun 74 sacs à 21$^f$,75 le sac?

**1194.** — Un écolier avait 12$^f$,75; il reçoit successivement 5$^f$,25, 3$^f$,90 et 4$^f$,45. Combien a-t-il en tout?

**1195.** — Le tunnel du Saint-Gothard, entre la Suisse et l'Italie, a 14920 mètres de longueur; celui du Mont-Cenis, entre la France et l'Italie, a 12333 mètres. De combien de mètres le premier surpasse-t-il le second?

**1196.** — Un bœuf coûte 560 fr., une vache 380$^f$,60, un veau 48$^f$,95 et un mouton 25$^f$,50. Quel est le prix total?

**1197.** — Lorsqu'un volume coûte 2$^f$,75, combien coûtent 175 volumes?

**1198.** — Combien y a-t-il d'hommes dans un régiment de 4 bataillons, si le premier en compte 945, le second 895, le troisième 980 et le quatrième 915?

**1199.** — Quelle somme a déboursé une ménagère qui a dépensé d'abord 8$^f$,40, puis 6$^f$,35, puis 5$^f$,25, puis 3$^f$,20 et enfin 4$^f$,75?

**1200.** — Un négociant avait acheté 3520 kilogr. de café. Combien lui en a-t-on livré, s'il en attend encore deux voitures renfermant chacune 625 kilogrammes?

**1201.** — Une fontaine donne par jour 5625 litres d'eau. Dire combien donne dans le même temps une fontaine qui débite 1958 litres de moins que la première.

**1202.** — Dans une famille on a gagné le lundi 6$^f$,25, le mardi 5$^f$,75, le mercredi 5$^f$,75, le jeudi 6 fr., le vendredi 6$^f$,25 et le samedi 5$^f$,45. Quel est le gain de la semaine?

**1203.** — Combien doit-on payer pour 348 kilogr. de viande, à raison de 1$^f$,65 le kilogramme?

**1204.** — Quelle est la dépense totale d'une famille qui

a dépensé le dimanche 6$^f$,80, le lundi 4$^f$,25, le mardi 4$^f$,50, le mercredi 4$^f$,75, le jeudi 4 fr., le vendredi 5$^f$,10 et le samedi 4$^f$,15 ?

**1205.** — Quelle somme faut-il pour payer 3 ouvriers, si le premier doit recevoir 95 fr., le second 18 fr. de plus que le premier, et le troisième 14 fr. de plus que le second ?

**1206.** — Combien coûte 1 mètre de drap, si l'on en a eu 24 mètres pour 384 fr. ?

**1207.** — Quel est le montant total de trois billets, qui valent le premier 940$^f$,50, le second 150$^f$,45 de plus que le premier, et le troisième 95$^f$,25 de plus que le second ?

**1208.** — Combien aura-t-on de mètres de velours pour 144$^f$,50, si le mètre coûte 8$^f$,50 ?

**1209.** — Une famille dépense 3$^f$,50 par jour. En combien de jours a-t-elle dépensé 147 fr. ?

**1210.** — Paul a 144 fr. ; Pierre en a 28 de moins que lui. Quelle est la somme totale qu'ont ces deux personnes ?

**1211.** — Henri a 14 fr. ; Louis a 5 fr. de plus que lui, et Auguste a 9 fr. de plus que Louis. Quelle est la somme totale qu'ont ces trois personnes ?

**1212.** — Quelle somme doit-on rendre à un enfant qui donne 5 fr. pour payer deux livres, l'un de 2$^f$,75, l'autre de 1$^f$,50 ?

**1213.** — Un fournisseur devait livrer 1800 kilogr. de sel ; il en a livré d'abord 538 kilogr., puis 690 kilogr. Combien doit-il encore en livrer ?

**1214.** — Un relieur prend 38 centimes pour relier un volume. Combien a-t-il relié de volumes s'il reçoit 55$^f$,10 ?

**1215.** — Joseph a 165 fr. ; Jean a trois fois plus d'argent que lui. Combien ont-ils en tout ?

**1216.** — Quel est le prix de 1385 oranges à raison de 12 centimes l'orange ?

**1217.** — Jacques donne une pièce de 20 fr. pour payer un pantalon de 12$^f$,75 et un gilet de 5$^f$,45. Quelle somme doit-on lui rendre ?

**1218.** — Dans une famille on gagne 8$^f$,45 par jour.

4*

Combien gagne-t-on dans une année qui compte 308 jours de travail ?

**1219.** — Dans une famille on dépense 4$^f$,75 par jour. Quelle est la dépense d'une année de 365 jours ?

**1220.** — Combien fera-t-on de douzaines de pointes avec 87 kilogr. de fil de fer, si 1 kilogramme fournit 228 pointes ?

**1221.** — En 1881 Paris avait 2269000 habitants ; en 1876 il n'en avait que 1988800. Quelle a été la moyenne de l'augmentation de la population par année ?

**1222.** — A quel prix revient une armoire, lorsqu'on a donné au menuisier 125$^f$,50, aux ouvriers qui l'ont apportée 2$^f$,60, et à celui qui l'a mise en place 3$^f$,25 ?

**1223.** — Une usine a brûlé 15630 hectolitres de gaz dans un an. A combien lui revient cet éclairage si 10 hectolitres coûtent 27 centimes ?

**1224.** — Quelle somme doit recevoir un particulier qui a fourni pour l'armée 3950 paires de souliers à raison de 9$^f$,65 la paire ?

**1225.** — Une femme a payé pour du pain 1$^f$,75, pour de la viande 2$^f$,50, pour de l'huile 2$^f$,25, et pour du sucre 3$^f$,15. Quelle est sa dépense totale ?

**1226.** — En combien de jours une famille a-t-elle dépensé 1291$^f$,50, si elle dépense 13$^f$,50 tous les trois jours ?

**1227.** — Combien doit-on donner à un boulanger qui a fourni à la troupe 3420 rations de pain à raison de 53 centimes les deux rations ?

**1228.** — Une ménagère achète pour 4$^f$,25 de beurre, pour 2$^f$,55 de fromage et pour 3$^f$,15 d'œufs. Combien lui reste-t-il d'argent si elle avait 12 fr. ?

**1229.** — Que doit-on payer pour 25630 rails de chemin de fer, si chaque rail coûte 39$^f$,45 ?

**1230.** — Un négociant qui avait 180 fr. vend 35 mètres de drap à raison de 15 fr. le mètre. Quelle somme totale a-t-il alors ?

**1231.** — Combien y a-t-il de feuilles de papier dans

58 rames, contenant chacune 20 mains, si chaque main renferme 25 feuilles?

**1232.** — Lorsque 13 veaux ont coûté 624 fr., quel est le prix d'un veau?

**1233.** — Combien coûteront 456 oranges à raison de 1ᶠ,15 la douzaine?

**1234.** — Un débiteur devait 4500 francs. Il donne en payement un billet de 1000 fr., 3 billets de 500 fr. et 82 pièces de 20 fr. Quelle somme doit-il encore?

**1235.** — Un restaurateur achète 15 hectolitres au prix de 35 fr. l'hectolitre, et pour les payer il donne un billet de 500 fr. Quelle somme en argent doit-il encore ajouter?

**1236.** — Un restaurateur a servi 35 dîners à 3ᶠ,75 l'un, et 28 déjeuners à 1ᶠ,25. Quelle somme en retire-t-il?

**1237.** — Combien coûtent 12 chandeliers en cuivre et 9 en porcelaine, si les premiers valent 2ᶠ,45 la pièce, et les seconds 0ᶠ,85?

**1238.** — Combien coûtent, pris à la mine, 35000 kilogrammes de houille à raison de 18ᶠ,50 la tonne de 1000 kilogrammes?

**1239.** — Quel est le prix total de deux pièces de calicot, la première ayant 48ᵐ,50 de long et la seconde 39ᵐ,50, à raison de 45 centimes le mètre?

**1240.** — Une compagnie achète un terrain pour 648000 fr.; elle en fait 12 lots, qu'elle vend chacun 65000 fr. Quel bénéfice a-t-elle réalisé?

**1241.** — Pour une maison on a payé le terrain 13000 fr.; au maçon 18300 fr., au charpentier 5630 fr., au plâtrier 2850 fr., au couvreur 1840 fr., et à divers autres fournisseurs 1675 fr. A combien revient la maison?

**1242.** — Les rails de chemins de fer coûtent 4 fr. le mètre. Quelle longueur de chemin à double voie (quatre rangées de rails) a-t-on pu construire avec une fourniture de rails estimée 1000000 de fr.?

**1243.** — Combien doit-on payer pour 3 douzaines de serrures à raison de 5ᶠ,75 la serrure, et 2 douzaines de cadenas du prix de 65 centimes l'un?

**1244.** — Que doit-on payer pour 2520 bottes de foin à raison de 1f,30 les 5 bottes ?

**1245.** — Combien coûteront 13800 ardoises à raison de 5f,80 le cent ?

**1246.** — Quel est le prix de 48 mètres de velours à raison de 41 fr. les 3 mètres ?

**1247.** — Combien coûteront 342 peaux de mouton à raison de 18f,75 pour 5 peaux ?

**1248.** — Quelle est la contenance totale de 2 tonneaux, dont le premier contient 500 litres, le second ne contenant que la moitié du premier ?

**1249.** — Quel est le prix de 108 casquettes à raison de 16 fr. la douzaine ?

**1250.** — Quel est le prix d'un chapeau, si 35 chapeaux coûtent 297f,50 ?

**1251.** — Une maison vaut 10500 fr.; une autre maison vaut le tiers du prix de la première plus 400 fr. Quel est le prix de la seconde maison ?

**1252.** — Combien devra-t-on payer pour 17 rouleaux de papier peint à 0f,85 et 24 rouleaux à 0f,75 ?

**1253.** — Une manufacture devait fournir 25000 cartouches ; elle en a livré 7 caisses qui en renferment chacune 1050. Combien doit-elle encore en livrer ?

**1254.** — Quel est le prix de 875 abricots à raison de 0f,65 les 25 ?

**1255.** — Trois ouvriers gagnent, le premier 5 fr. par jour, le deuxième 4f,50 et le troisième 3f,75. Quelle somme faut-il pour leur payer 6 journées de travail ?

**1256.** — Combien aura-t-on de carpes pour 5f,60, quand 3 de ces poissons coûtent 40 centimes ?

**1257.** — Quel est le total de 4 nombres, tels que le premier est 848, que le second surpasse le premier de 18, que le troisième surpasse le second de 28, et que le quatrième surpasse le troisième de 38 ?

**1258.** — Quelle a été la dépense d'une famille pendant un mois, en épicerie, si la note portait 3f,45 de café, 6f,35 d'huile, 8f,40 de chocolat, 1f,85 de sel,

0<sup>f</sup>,55 de poivre, 1<sup>f</sup>,25 de vinaigre et 7<sup>f</sup>,80 de sucre?

**1259.** — D'une pièce de toile de 20 mètres, on en a pris pour faire 5 chemises. Combien reste-t-il encore de la pièce, s'il a fallu 3 mètres et demi pour faire une chemise?

**1260.** — Une pièce d'étoffe avait 80 mètres ; on en a fait 39 pantalons, et il reste encore 11<sup>m</sup>,60. Combien a-t-il fallu d'étoffe pour chaque pantalon?

**1261.** — Jules a reçu 1<sup>f</sup>,50 pour acheter des timbres-poste. Il demande 8 timbres de 15 centimes, et avec l'argent qui reste, il prend des timbres de 10 centimes. Combien aura-t-il de ces derniers?

**1262.** — Un tonneau contient 840 litres ; on en tire 24 litres chaque semaine. Dans combien de jours le tonneau sera-t-il vide?

**1263.** — On a déboursé 6 fr. pour 3 pains de 5 kilogrammes. On demande le prix d'un pain et le prix du kilogramme?

**1264.** — Quelle somme doit-on donner pour payer 1 kilogr. de pain qui vaut 40 centimes, et 3 kilogr. de viande qui valent chacun 4 fois autant que le pain?

**1265.** — Quel est le montant de 4 sommes dont la première est de 825 fr., la seconde valant 48 fr. de moins, la troisième valant 54 fr. de moins que la seconde, et la quatrième 65 fr. de moins que la troisième.

**1266.** — Combien aura-t-on de sacs de blé pour 8346 fr., si un sac coûte 26 fr.?

**1267.** — Si un parapluie coûte 14 fr., combien aura-t-on de parapluies pour 322 fr.?

**1268.** — Que reste-t-il d'un billet de banque de 100 fr. après qu'on a payé un lit qui coûte 42<sup>f</sup>,50 et 3 couvertures qui valent 9<sup>f</sup>,45 la pièce?

**1269.** — Un fauteuil coûte 23 fr.; combien aura-t-on de fauteuils pour 391 francs?

**1270.** — Le jour a 24 heures et la semaine a 7 jours. Combien y a-t-il de semaines dans 8064 heures?

**1271.** — Un apprenti gagne 6<sup>f</sup>,50 par semaine. Dans combien de jours a-t-il gagné 500<sup>f</sup>,50?

**1272**. — Quel est le prix du mètre de calicot, si pour 266$^f$,80 on en a eu 184 mètres ?

**1273**. — La pose des fils pour télégraphe revient à 985 fr. le kilomètre. Quelle sera la dépense pour la pose de 375 kilomètres de fils ?

**1274**. — Combien aura-t-on de mètres de toile pour 68$^f$,50, si 8 mètres coûtent 14 francs ?

**1275**. — Quelle somme un coutelier a-t-il reçue après avoir vendu 7 rasoirs à 2$^f$,25 la pièce, et 12 conteaux à 1$^f$,45 l'un ?

**1276**. — Un fabricant fait des paquets de 18 aiguilles. Combien 2 808 aiguilles feront-elles de douzaines de paquets ?

**1277**. — Un enfant a 15 ans, son frère aîné 2 ans de plus, et sa sœur a 3 ans de moins. Quelle est la somme des trois âges ?

**1278**. — Quel est le prix total de trois meubles, si le premier coûte 18 fr., le second 8 fr. de plus, et le troisième autant que les deux autres ensemble ?

**1279**. — Lorsque 75 douzaines de harengs coûtent 36 fr., quel est le prix d'un hareng ?

**1280**. — S'il faut 5 gerbes pour donner 3 litres de blé, combien 145 gerbes donneront-elles de litres ?

**1281**. — S'il faut 6 gerbes pour donner 3 litres de blé d'une certaine récolte, combien a-t-il fallu de gerbes pour donner 81 litres ?

**1282**. — Combien coûtent 8 couvertures de laine à 7$^f$, 80 et 6 couvertures de coton à 3$^f$, 50 centimes ?

**1283**. — Il a fallu 56 caisses pour contenir 17 472 oranges. Combien chaque caisse contient-elle de douzaines d'oranges ?

**1284**. — Combien pourra-t-on faire de chemises avec 616 mètres de toile, s'il faut 8 mètres pour faire 3 chemises ?

**1285**. — Combien aura-t-on de mètres de drap pour 765 fr., si 2 mètres de drap coûtent 15 francs ?

**1286** — Un noyer a été abattu ; le tronc vaut 45$^f$, 60,

les grosses branches 25ᶠ,80 et le menu bois 8ᶠ,50. Quel
est le prix de l'arbre?

**1287.** — Un tonneau de vin de 225 litres a coûté 85 fr.
d'achat et 23 fr. de port. A quel prix le litre revient-il?

**1288.** — Combien faut-il de boîtes pour contenir 50400
plumes, si chaque boîte en renferme 12 douzaines?

**1289.** — Combien coûtent 24 doubles-stères de bois à
raison de 33 fr. les 3 stères?

**1290.** — Un tonneau d'huile de 250 litres a coûté 440 fr.;
on a payé 18 fr. de port et 2 fr. pour menus frais. A combien revient le litre?

**1291.** — Quel est le prix de 3 douzaines d'encriers si
2 douzaines ont coûté 6ᶠ,60 centimes?

**1292.** — Combien valent 45 parapluies à raison de
28 fr. les trois?

**1293.** — Un fabricant vend des montres à raison de
51 fr. les deux. Combien a-t-il vendu de montres s'il a
reçu 2346 francs?

**1294.** — Quel est le prix d'un kilogr. de savon, lorsque
5 pains de 7 kilogr. ont coûté 23ᶠ,80?

**1295.** — Combien faudra-t-il de caisses pour contenir
39780 biscuits pour l'armée, si chaque caisse en contient
17 douzaines?

**1296.** — Pour 277ᶠ,50 on a eu 370 litres de vin; on
demande quel est le prix du double-décalitre?

**1297.** — Combien y a-t-il de minutes dans un mois de
31 jours?

**1298.** — Combien y a-t-il de minutes dans une année
de 365 jours?

**1299.** — Une fontaine donne 4 litres 25 par minute.
Combien donne-t-elle d'hectolitres dans un mois de
30 jours?

**1300.** — Lorsqu'un litre de vinaigre coûte 65 centimes,
combien a-t-on eu de tonneaux de 75 litres pour 341ᶠ,25?

**1301.** — Quel est le prix de 12 croisées, si pour une
seule il faut payer 48ᶠ,50 au menuisier, 4ᶠ,25 au peintre,
8ᶠ,75 au serrurier et 8ᶠ,50 au vitrier?

**1302.** — Que doit-on à un peintre qui a passé en couleur 5 portes d'un bâtiment, s'il demande pour chaque porte 3ᶠ,75 pour la face du dehors et 2ᶠ,25 pour la face du dedans ?

**1303.** — Combien doit-on payer pour 3 mois d'éclairage au gaz, si le premier mois on a brûlé 325 hectolitres ; le second mois les $\frac{4}{5}$ de ce qu'on a brûlé le premier mois, et le troisième mois 205 mètres à raison de 35 centimes pour 10 hectolitres ?

**1304.** — On achète 250ᶠ,50 une armoire renfermant 196 volumes ; on vend l'armoire 21 fr. et chacun des volumes 1ᶠ,25. Combien a-t-on gagné ?

**1305.** — Un bateau contient 325 stères de bois ; un autre en contient 78 stères de plus. Combien contiennent les deux bateaux ?

**1306.** — Combien doit-on payer pour 398 volumes, une moitié à raison de 1ᶠ,25 le volume, et l'autre moitié à raison de 95 centimes ?

**1307.** — Une voiture de charbon contient 115 hectolitres, une seconde en contient 13 hectolitres de plus, et une troisième 9 hectolitres de plus que la deuxième. Dire le nombre d'hectolitres que contiennent ces trois voitures.

**1308.** — A combien s'élève la dépense faite pour tapisser un appartement, lorsqu'on a employé 18 rouleaux de papier à raison de 65 centimes chacun et payé l'ouvrier 4ᶠ,75 pour la pose ?

**1309.** — A combien reviennent 12 volumes qui ont coûté, brochés, 60 fr., la reliure de chacun ayant coûté 75 centimes ?

**1310.** — Quelle somme retirera-t-on de la vente d'un veau, s'il fournit 16 kilogr. de viande de 1ʳᵉ qualité valant 1ᶠ,80 le kilogr., et 37 kilogr. de 2ᵉ qualité valant 1ᶠ,55 le kilogramme ?

**1311.** — Un particulier a fait trois payements, dont le premier était de 625ᶠ,30 ; le second dépassait le premier de 145ᶠ,35, et le troisième dépassait le second de 85ᶠ,75. Quel a été le total de ces payements ?

**1312.** — Combien fournira de douzaines d'aiguilles un fil d'acier long de 43 200 millimètres, si chaque aiguille a 32 millimètres ?

**1313.** — Combien coûtent 7 douzaines de rasoirs à raison de 2$^f$,15 la pièce ?

**1314.** — Un tableau sans son cadre coûte 180 fr.; avec son cadre non doré il vaut 208 fr., et avec son cadre doré il vaut 235 fr. Quel est le prix du cadre non doré et celui de la dorure ?

**1315.** — Un vitrier reçoit 3 caisses de verre. La première coûte 89$^f$,50, la seconde coûte 15$^f$,75 de plus que la première, et la troisième coûte autant que les deux premières. Quel est le prix de chaque caisse et le prix total ?

**1316.** — Quelle somme doit-on débourser pour payer 12 draps de lit à raison de 6$^f$,50 le drap et 18 chemises, si chaque chemise vaut 4$^f$,25 ?

**1317.** — On achète 250 litres de vin pour 140 fr.; on y met 10 litres d'eau et 2 litres d'eau-de-vie à 1$^f$,50 le litre. Combien gagne-t-on si l'on vend le litre 75 centimes ?

**1318.** — Combien pourra-t-on avoir de litres de vin du prix de 55 centimes le litre avec l'argent qu'on retirera en vendant 48 litres d'huile au prix de 1$^f$,65 le litre?

**1319.** — Quel est le prix d'une montre et de sa chaîne, si la montre coûte 45 fr. et si la chaîne vaut 33 fr. de moins?

**1320.** — Un sac de farine coûte 68 fr. On en fait 145 pains que l'on vend 65 centimes chacun. Combien gagne-t-on?

**1321.** — Quel est le prix d'un habit, si le drap coûte 65 fr., la doublure 12$^f$,50, le prix de la façon étant le cinquième du prix du drap?

**1322.** — Un poêle avec ses tuyaux et sa plaque coûte 45 fr. Quel est le prix du poêle, si les tuyaux coûtent 12$^f$,50 et la plaque 1$^f$,25 ?

**1323.** — Un éleveur fournit chaque semaine à un grand boucher de Paris 12 bœufs, à raison de 340 fr. la pièce. Quelle somme lui devra-t-on au bout d'un an (dans un an il y a 52 semaines) ?

**1324.** — Un poêle avec ses tuyaux et sa plaque a coûté 48 fr. Quel est le prix de la plaque, si le poêle vaut **28 fr.** et les tuyaux 16$^f$,65 ?

**1325.** — Combien doit-on débourser pour payer 8 cahiers de 25 centimes, 13 cahiers de 15 centimes et 19 cahiers de 5 centimes?

**1326.** — Un pain de cire a coûté **18 fr.** Quel bénéfice fera-t-on si l'on peut avec ce pain faire 3 cierges du prix de 5$^f$,25 chacun et 8 cierges du prix de 1$^f$,30 ?

**1327.** — Un jardinier achète 250 pots à 0$^f$,13, puis 160 à 0$^f$,17 et 120 à 0$^f$,22. Combien aura-t-il à payer ?

**1328.** — Un tailleur achète 85 mètres de drap à 12$^f$,50 le mètre et autant de doublure à 0$^f$,85. Quelle somme aura-t-il à payer, si on lui fait un rabais de 9$^f$,80?

**1329.** — Combien coûte un chemin de croix, sachant que chacun des 14 tableaux vaut 12$^f$,50 et que les cadres valent en tout 35 francs?

**1330.** — Une vache donne 13 litres de lait par jour. Combien rapporte-t-elle dans un mois de 31 jours, si le litre de lait se vend 25 centimes ?

**1331.** — Quelle somme un ouvrier avait-il gagnée, si après avoir payé une montre **48 fr.**, sa chaîne 8$^f$,50 et 3 cravates à 0$^f$,75 il lui reste encore 17 francs ?

**1332.** — Un litre de lait coûte 8 fois moins qu'un kilogramme de viande. Quel est le prix d'un litre de lait, si 85 kilogr. de viande coûtent 142$^f$,80 ?

**1333.** — Un litre d'huile coûte 5 fois plus qu'un litre de vin. Quel est le prix d'un litre d'huile, si 48 litres de vin coûtent 21$^f$,60?

**1334.** — Un marchand a acheté 64 mètres de drap à 9$^f$,60. Il a gagné 89$^f$,60 en les revendant. Combien a-t-il revendu le mètre?

**1335.** — Un marchand a acheté 54 mètres de velours à 4$^f$,05 le mètre. Il a retiré 280$^f$,75 en revendant le tout. Quel est son bénéfice?

**1336.** — Un marchand a acheté 32 châles à raison de 28fr.; il les revend 1008 fr. Quel est son bénéfice sur un châle?

**1337.** — Un vitrier a fourni 84 carreaux à raison de $0^f,10$ ; il prend pour les poser le cinquième de la valeur du verre. Quelle somme doit-on lui donner ?

**1338.** — Un tronc d'arbre a été acheté 78 fr., on a dépensé pour le faire scier $18^f,50$. Quel bénéfice a-t-on fait si l'on a obtenu 8 plateaux qu'on a vendus 14 fr. la pièce ?

**1339.** — Un marchand achète 15 vases de porcelaine pour 147 fr., il en casse 3. Combien doit-il vendre les autres pour ne rien perdre ni gagner ?

**1340.** — Un marchand achète 16 vases pour 167 fr.; il en garde un et veut gagner 13 fr. dans la vente. Combien doit-il vendre chacun des autres ?

**1341.** — Trois frères ont acheté en commun une maison 12600 fr., ils l'ont revendue 13560 fr. Combien chacun aura-t-il de bénéfice ?

**1342.** — Un maître maçon reçoit 385 fr. pour payer 14 ouvriers ; il leur donne à chacun $25^f,50$. Que reste-t-il pour lui ?

**1343.** — Un patron reçoit 360 fr.; il garde pour lui 36 fr.; le reste est distribué à 12 ouvriers. Que revient-il à chacun ?

**1344.** — Un rentier a $5^f,25$ à dépenser par jour de chaque année ordinaire de 365 jours. Quelle est sa dépense journalière quand l'année a 366 jours ?

**1345.** — On a 65 kilogr. de farine coûtant $21^f,75$; ils donnent 38 pains de 2 kilogr., que l'on revend 38 centimes le kilogr. Quel bénéfice fait-on ?

**1346.** — Un homme charitable donne 3 fr. aux pauvres toutes les fois qu'il gagne 120 fr. Quelle somme a-t-il gagnée dans 6 mois si la part des pauvres s'est élevée à 96 francs ?

**1347.** — Lorsque 35 pantalons coûtent 385 fr., combien coûteront 18 pantalons ?

**1348.** — Si 75 litres de pétrole coûtent 90 fr., combien coûtera un tonneau qui en contient 232 litres ?

**1349.** — Quel est le revenu d'une propriété lorsque le

quart de ce revenu suffit pour payer 32 ouvriers pendant 6 jours à raison de 4\`,50 par jour ?

**1350.** — Quel est le revenu d'un particulier, si avec ce revenu il peut dépenser 3\`,25 par jour et donner chaque semaine 1\`,25 pour les pauvres ?

**1351.** — Un libraire achète une douzaine de volumes au prix de 4\`,50 le volume ; il reçoit en plus le treizième qu'il ne doit pas payer et on lui fait un rabais de 13\`50 sur le prix d'achat. Dire combien gagne le libraire s'il vend chaque volume 4\`,60 ?

**1352.** — Combien un jardinier doit-il vendre de rosiers, à raison de 45 centimes l'un, pour payer 144 cloches en verre qu'il a achetées au prix de 1\`,30 la cloche ?

**1353.** — Lorsque 18 mètres de toile coûtent 45 fr., combien coûteront 15 mètres.

**1354.** — Lorsque 15 mètres de drap coûtent 217\`,50, combien aura-t-on de mètres pour 306 francs ?

**1355.** — On achète 12 sacs de haricots à raison de 24 fr. le sac ; chaque sac contient 13 décalitres ; on vend les haricots en détail au prix de 20 centimes le litre. Combien a-t-on gagné par sac ?

**1356.** — Une usine fournit chaque mois 95600 bouteilles. Combien aura-t-elle gagné en 18 mois si le bénéfice est de 17\`,50 sur 1000 bouteilles ?

**1357.** — Lorsque 24 draps de lit coûtent 132 fr., combien aura-t-on de paires de draps pour 198 francs ?

**1358.** — Lorsque 35 rations de vivres coûtent 50\`75, combien coûteront 185 doubles rations ?

**1359.** — Quelle est la somme de 5 nombres, tels que le premier est 48, le second double du premier, le troisième double du second, et ainsi de suite ?

**1360.** — Quelle est la somme de 5 nombres, dont le premier est 1053 ; le second n'est que le tiers du premier, le troisième n'est que le tiers du second, et ainsi de suite ?

**1361.** — Avec 8 kilogrammes de café vert coûtant 4\`,20 le kilogr., on a eu 7 kilogr. de café brûlé. Combien gagne-t-on si l'on vend le café brûlé 5\`,60 le kilogr. ?

**1362.** — Si 15 sacs de voyage coûtent 255 fr., combien aura-t-on de sacs pour 323 francs ?

**1363.** — Pour 6$^f$,75 on fait transporter un meuble à 100 kilomètres. A quelle distance pourra-t-on le transporter pour 14$^f$,85 ?

**1364.** — L'épaisseur de 476 feuilles de papier est de 6 centimètres. Combien faut-il de feuilles pour que leur épaisseur soit de 45 centimètres ?

**1365.** — Un commis recevait 2460 fr. de traitement par an ; on l'augmente de 25 fr. par mois. Dire quel est aujourd'hui son traitement trimestriel?

**1366.** — Lorsque 8 rosiers ont coûté 12$^f$,40, combien coûteront 5 rangées de ces arbrisseaux, si chaque rangée compte 19 rosiers ?

**1367.** — Un marchand achète 4 tonneaux d'eau-de-vie renfermant chacun 225 litres ; il les paye à raison de 90 fr. l'hectolitre. Quelle somme devra-t-il débourser si on lui fait un rabais de 8 fr. sur 100 francs ?

**1368.** — Un litre de mercure pèse 13 kilogr. 6 hectogrammes. Combien y a-t-il de litres de ce métal dans un tonneau de fer qui pèse brut 1 310 kilogr., le tonneau vide pèse 154 kilogrammes ?

**1369.** — Lorsque 1 800 fr. donnent un revenu annuel de 72 francs, quel revenu donnera une somme de 7 650 francs ?

**1370.** — Lorsque 3 000 fr. donnent un revenu annuel de 135 fr., quelle est la somme qui donne un revenu annuel de 742$^f$,50 ?

**1371.** — Une pièce de 5 fr. en argent pèse 25 gr. et contient 22 gr. 5 décigrammes d'argent pur ; le reste est en cuivre. On demande les poids d'argent et de cuivre contenus dans 47 pièces de 5 francs.

**1372.** — Combien coûte par an un ouvrier à qui l'on donne chaque mois 45 fr. et sa nourriture, estimée 2$^f$,25 par jour, l'année ayant 365 jours ?

**1373.** — Un chapelier a fourni dans une année 208 képis à une pension, à raison de 4$^f$,25 le képi. Combien le chapelier recevra-t-il, s'il ne fait payer que 12 képis sur treize ?

**1374.** — Un train de chemin de fer part de Paris avec 125 voyageurs. A la première station il laisse 25 voyageurs et en prend 18 ; à la seconde il en laisse 34 et en prend 23 ; à la troisième il en laisse 19 et en prend 20 ; à la quatrième il en laisse 48 et en prend 51. Dire combien le train renferme alors de voyageurs.

**1375.** — Cinq meules de blé contiennent chacune 1 260 gerbes. Combien ces meules donneront-elles d'hectolitres de blé, si 6 gerbes fournissent 5 litres ?

**1376.** — Une giletière fait 13 gilets par semaine et reçoit $1^f,25$ par gilet. Combien aura-t-elle gagné après 26 semaines, si ses dépenses pour un gilet sont de 15 centimes ?

**1377.** — Lorsque 85 litres d'eau de mer donnent 1 kilogramme de sel qu'on vend 22 centimes, quelle est la valeur du sel contenu dans 117 640 litres d'eau de mer ?

**1378.** — Deux sources donnent l'une 3 litres et l'autre 2 litres par minute. En combien de jours auront-elles rempli un bassin qui contient 18 000 litres ?

**1379.** — Un marchand achète un bateau de bois renfermant 640 stères ; il paye la moitié à raison de $9^f,75$ le stère, et le reste à raison de $10^f,50$. Quelle somme doit-il débourser, s'il a payé pour le mesurage 20 centimes par stère ?

**1380.** — Un particulier possède 1 825 fr. de revenu annuel, et dépense en moyenne $3^f,75$ par jour. Quelle somme aura-t-il économisée au bout de 3 ans ?

**1381.** — Un rentier possède un revenu annuel de 2 190 fr. Combien a-t-il dépensé par jour en moyenne s'il a économisé $1 368^f,75$ en 3 ans ?

**1382.** — Combien doit-on payer pour une pièce de drap de 48 mètres, si pour 60 mètres on a dû payer 720 francs?

**1383.** — Combien doit-on payer pour 38 paires de pantoufles, si avec 8 paires de moins on payait $73^f,50$ ?

**1384.** — Combien doit-on payer pour 23 pantalons, si

avec 11 pantalons de plus on payerait 170ᶠ,50 de plus que pour les 23 ?

**1385.** — Que revient-il à trois associés qui se partagent une somme de 12800 fr. ; le premier en prend le quart, le second a 2300 fr. de plus que le premier, et le troisième a le reste ?

**1386.** — Un maquignon achète cinq chevaux 575 fr. pièce ; il en vend trois à raison de 650 fr. l'un. Combien doit-il vendre chacun des deux autres pour gagner sur les cinq chevaux le prix d'achat d'un cheval ?

**1387.** — L'achat des ardoises pour couvrir un château a coûté 326ᶠ,70. Combien a-t-il fallu de centaines d'ardoises si mille ardoises coûtent 16ᶠ,50 ?

**1388.** — Pour soufrer une vigne on emploie chaque fois 45 kilogr. de soufre, du prix de 18 fr. les 100 kilogrammes. Quelle dépense nécessite le soufrage, si on le répète 3 fois chaque année ?

**1389.** — On achète 18 pièces d'étoffe contenant chacune 64 mouchoirs à raison de 35 fr. la pièce. Combien a-t-on vendu la douzaine de mouchoirs si l'on a gagné 118ᶠ,80 sur le tout ?

**1390.** — Combien gagne-t-on annuellement dans une famille, si l'on dépense 1548 fr. pour la nourriture ; 450 fr. pour le foyer ; 520 fr. pour l'habillement ; 48ᶠ,75 pour les impôts ; 185 fr. pour divers autres frais, et si on a pu mettre de côté 3 pièces de 20 francs par mois ?

**1391.** — Un jardinier achète 300 tulipes à 15 fr. le cent, et 300 pots à raison de 8 fr. le cent. Quel bénéfice a-t-il fait, s'il vend la moitié de ses tulipes en pots 30 centimes pièce et l'autre moitié 35 centimes ?

**1392.** — Un marchand achète 1 800 oranges pour 120 fr. Il vend le premier tiers à raison de 1ᶠ,60 la douzaine, le second tiers à raison de 1ᶠ,20 la douzaine, et le troisième tiers à raison de 90 centimes la douzaine. Quel bénéfice réalise-t-il ?

**1393.** — Lorsque 100 aiguilles pèsent 5 grammes, combien y a-t-il de douzaines d'aiguilles dans un paquet qui pèse 1 890 grammes ?

**1394.** — On achète 4 sacs de café pesant chacun 75 kilogr. au prix de 340 francs les 100 kilogrammes ; on paye pour 4 sacs 25 fr. de port et 8ᶠ,10 d'entrée. Combien gagnera-t-on si l'on vend le café en détail au prix de 4ᶠ,25 le kilogramme ?

**1395.** — Un particulier achète une coupe de bois pour 10500 fr. ; il dépense pour l'exploiter 1580 fr., et il en tire 1275 stères de bois qu'il vend 9ᶠ,50 le stère, et 16800 fagots qu'on lui paye 6ᶠ,25 le cent. Quel bénéfice aura-t-il fait ?

**1396.** — Une colonne de marbre d'une seule pièce vaut 160 fr. lorsqu'elle est simplement taillée. On la fait polir, et elle vaut alors 248 fr. Combien est estimée la journée du polisseur, s'il a employé 16 jours à ce travail ?

**1397.** — Combien coûtent 25 lits complets, si le bois vaut 18 fr., le sommier 16ᶠ,50 le traversin 3ᶠ,75, et 3 couvertures 15 francs ?

**1398.** — Dans une maison on a posé 8 tuyaux de descente en fer-blanc pour la conduite des eaux pluviales, chaque tuyau a 8 mètres 50 centimètres de longueur, et coûte 1ᶠ,25 le mètre. Que doit-on payer à l'ouvrier ?

**1399.** — Une usine a fourni dans une année 12500 pelles à 0ᶠ,75 la pièce, 7300 faux à 2ᶠ,75 et 8250 pioches à 1ᶠ,85. Quelle recette a-t-elle faite ?

**1400.** — Un bec de gaz brûle 125 litres par heure ; on le laisse allumé 4 heures par jour pendant 148 jours. Quelle sera la dépense si 1000 litres coûtent 35 centimes ?

**1401.** — Quelle somme faut-il pour payer un chapeau de 4ᶠ,25, un gilet qui vaut le double du chapeau plus 3 francs, et un habit qui vaut 19ᶠ,25 de plus que le chapeau et le gilet ?

**1402.** — Combien coûtent 3 douzaines de chemises de trois grandeurs différentes par douzaine si les chemises de première grandeur coûtent 5ᶠ,15 l'une, celle de la deuxième 4ᶠ,25, et celle de la troisième 3ᶠ,75.

**1403.** — On a déboursé 396 fr. La moitié de cette

somme a été employée à payer deux douzaines de casquettes, et l'autre moitié à solder 18 paires de souliers. Quel est le prix d'une casquette et celui d'une paire de souliers ?

**1404.** — Un voiturier a conduit un chargement, et il lui a fallu 3 jours. Quel est son bénéfice s'il a reçu 47$^f$,25, si chacun de ses trois chevaux lui a coûté 2$^f$,50 par jour, et si la dépense personnelle pour sa nourriture journalière s'élevait à 4$^f$,25 ?

**1405.** — Dans une église il y a 12 lustres ; chaque lustre porte 18 bougies ; chaque bougie vaut 15 centimes. Quel est le prix de toutes ces bougies?

**1406.** — Combien gagne un marchand qui a acheté 4200 pêches à raison de 3$^f$,50 le cent, s'il les a revendues 45 centimes la douzaine?

**1407.** — Un sculpteur achète un tronc d'arbre 25 fr., Il en fait une statue qui lui prend 18 jours de travail ; pour l'embellir il dépense 9 fr. d'or et 2 fr. de couleur. Combien aura-t-il gagné par journée de travail s'il vend la statue 180 francs?

**1408.** — Un service de table se compose d'une cuiller qui vaut 4 fr., d'une fourchette de 2$^f$,50 et d'une timbale du prix de 2$^f$,75. Combien coûteront 24 services pareils?

**1409.** — Un service de table pour un élève pensionnaire comprend une cuiller de 3$^f$,75, une fourchette de 2$^f$,25, une timbale de 3$^f$,75 et un couteau de 0$^f$,75. Combien aura-t-on de services pour 504 francs?

**1410.** — On échange 9 tonneaux de vin vieux contre 13 tonneaux de vin nouveau. Quelle est la valeur du tonneau de vin vieux, si un tonneau de vin nouveau est estimé 126 francs?

**1411.** — On donne 36 chaises du prix de 8$^f$,50 contre 15 fauteuils et 7$^f$,50 d'argent. Quel est le prix d'un fauteuil?

**1412.** — On échange 36 mètres de drap contre 16 mètres de velours valant 27 francs le mètre, en donnant en plus 18 francs. Quel est le prix d'un mètre de drap?

**1413.** — Lorsque 2 paires de souliers valent autant que

3 mètres de velours à 8f,50 le mètre, combien valent 17 paires de souliers?

**1414.** — Lorsque 3 paires de gants valent autant que 2 mètres de toile à 2f,25 le mètre, combien aura-t-on de paires de gants pour 31f,50?

**1415.** — On achète un cheval pour 1050 fr. et après 2 ans on le revend avec un bénéfice de 12 pour cent. Quelle somme a-t-on **retirée**[1]?

**1416.** — On achète une voiture 750 fr. et après 6 mois on la revend avec une perte de 8 fr pour cent. Quelle somme a-t-on retirée de la vente, et combien a-t-on perdu sur le prix d'achat?

**1417.** — Un homme entreprend un commerce avec 24000 francs. Il a gagné chaque année le quart de ce capital. Quelle est, après 5 ans, la fortune de ce commerçant?

**1418.** — Combien y a-t-il de minutes du dimanche 2 heures du soir au mardi à 8 heures 15 minutes du matin?

**1419.** — Combien y a-t-il de secondes du jeudi 10 heures et demie du matin au vendredi à 2 heures 45 minutes du soir?

**1420.** — Un marchand de chevaux en vend 79 pour 65000 fr. et fait un bénéfice total de 2985 fr. Combien chaque cheval lui avait-il coûté?

**1421.** — Un marchand vend 75 moutons qui lui coûtaient 1575 fr. Dans cette vente il gagne 8 fr. Quel a été le prix de vente d'un mouton?

**1422.** — Une école a 6 classes, chaque classe renferme 8 tables, et chaque table coûte 54 fr. Quel sera le poids de la somme d'argent nécessaire pour payer toutes ces tables, si 200 francs en monnaie d'argent pèsent 1 kilog.?

**1423.** — Pour faire le laiton (cuivre jaune), on fond ensemble 2 kilogr. de cuivre rouge et 1 kilogr. de zinc. Combien y a-t-il de grammes de cuivre et de zinc dans un clairon en laiton qui pèse 726 grammes?

---

[1] Dire qu'un gain ou qu'une perte est de 12 pour 100, c'est dire qu'on perd 12 francs sur 100 francs.

**1424.** — Combien faut-il de kilogr. de fer pour ferrer deux fois par mois, pendant un an, 124 chevaux, si un fer pèse en moyenne 925 grammes?

**1425.** — Trois associés se partagent à parts égales le bénéfice qu'ils ont fait. Trouver ce bénéfice, en sachant que l'un d'eux, avec sa part, a pu acheter une maison qui lui coûte 9600 fr., et payer 125 mètres de toile à 2$^f$,15 le mètre.

**1426.** — On a vendu 29 bœufs à raison de 609 fr. la pièce, et l'on fait un bénéfice égal au prix de vente de 4 bœufs. Quel était le prix d'achat d'un bœuf?

**1427.** — Quel est le montant de trois factures, dont la première est de 145 fr., la seconde valant 2 fois la première plus 90 fr., et la troisième valant les trois quarts de la seconde?

**1428.** — Un libraire achète 840 volumes à raison de 58 fr. les 14, et il les vend à raison de 61 fr. les 12. Quel est son bénéfice total?

**1429.** — Un marchand achète des parapluies à raison de 22 fr. les 4, et il les revend à raison de 31 fr. les 5; à ce marché il gagne 20$^f$,30. Combien avait-il acheté de parapluies?

**1430.** — On achète 48 kilogr. de groseilles à raison de 0$^f$,45 le kilogr.; on y ajoute 25 kilogr. de sucre à 1$^f$,45 le kilogr. et l'on obtient ainsi 84 pots de gelée que l'on vend 1$^f$,65 le pot. Combien gagnera-t-on si chaque pot vide coûte 15 centimes?

**1431.** — On achète 525 coings à raison de 4 centimes la pièce, on les soumet au pressoir et l'on ajoute au jus 48 kilogr. de sucre à 1$^f$,45 le kilogr. On en retire 84 litres d'eau de coings. Combien doit-on vendre le litre si on a gagné en tout 56$^f$,40?

**1432.** — Un brocanteur achète des chaises qu'il croit antiques et les paye 15 fr. les 2; il s'aperçoit qu'il s'est trompé et il ne peut les revendre qu'à raison de 17 fr. les 4; à ce marché il perd 39 fr. Combien avait-il acheté de chaises?

**1433**. — Un particulier loue un étang 225 fr. par an. Après 3 ans il en fait la pêche et retire 1 820 carpes, qu'il vend 2 fr. les cinq ; 1 540 tanches qu'il vend 4 fr. les sept ; 48 brochets qu'il vend 2 fr. les trois ; et 28 anguilles qu'il vend 1ᶠ,50. Quel a été son bénéfice annuel, s'il a payé 145 fr. pour faire pêcher l'étang ?

**1434**. — Un marchand achète 180 mètres de toile de coton à raison de 90 centimes le mètre ; il en fait confectionner 108 caleçons, pour la façon desquels il paye 54 fr. Combien a-t-il vendu chaque caleçon s'il a gagné en tout 48ᶠ,60 ?

**1435**. — Un bassin renferme 23 100 litres d'eau, un robinet en laisse écouler 84 litres par minute ; mais une petite fontaine verse dans le bassin 7 litres dans le même temps. On demande dans combien d'heures le bassin sera entièrement vidé ?

**1436**. — Pour carreler un vestibule on a employé 6 912 carreaux en marbre. Combien a coûté le travail s'il faut 64 carreaux pour couvrir 1 mètre carré, le mètre carré coûtant 7ᶠ,50 d'achat et 2ᶠ,25 de pose ?

**1437**. — Pour parqueter un salon un menuisier a fourni 3 956 planchettes en chêne. Dire quelle somme coûte le parquet, s'il faut 92 petites planchettes pour parqueter 3 mètres carrés, le mètre carré revenant tout posé à 12ᶠ,50 ?

**1438**. — Un libraire achète 390 volumes à raison de 58ᶠ,50 les treize. Combien doit-il vendre chaque volume pour gagner 26 pour cent sur le prix d'achat ?

**1439**. — Lorsque 8 kilogrammes de farine donnent 11 kilogrammes de pain qu'on vend 35 centimes le kilogramme, quelle sera la valeur du pain qu'on pourra faire avec 1 640 kilogrammes de farine ?

FIN

# TABLE DES MATIÈRES

29055. — Tours, impr. Mame.

# EXTRAIT DU CATALOGUE

## 2ᵉ SÉRIE (Nouvelle)

ARITHMÉTIQUE, COURS PRÉPARATOIRE; in - 16.

ARITHMÉTIQUE, COURS ÉLÉMENTAIRE; in - 18.

LE MÊME OUVRAGE, livre du Maître; in - 12.

COURS MOYEN D'ARITHMÉTIQUE; in - 16.

LE MÊME OUVRAGE, livre du Maître; in - 12.

COURS SUPÉRIEUR D'ARITHMÉTIQUE; in - 12.

LE MÊME OUVRAGE, livre du Maître; in - 12.

## 1ʳᵉ SÉRIE (Ancienne)

PETITE ARITHMÉTIQUE, contenant les principales définitions; in - 18.

ABRÉGÉ D'ARITHMÉTIQUE DÉCIMALE, contenant les définitions, les règles du calcul, des exemples de calcul mental, et le Système métrique; in - 18.

EXERCICES DE CALCUL sur les opérations fondamentales; in - 18.

LE MÊME OUVRAGE, livre du Maître; in - 18.

RECUEIL DE PROBLÈMES sur les opérations fondamentales; in - 18.

LE MÊME OUVRAGE, livre du Maître, avec réponses en regard; in - 18.

LES FRACTIONS ET LES PROBLÈMES résolus par l'unité; in-18.

LE MÊME OUVRAGE, livre du Maître; in - 18.

PETIT SYSTÈME MÉTRIQUE, avec figures et problèmes; in-18.

LE MÊME OUVRAGE, livre du Maître; in - 18.

NOUVEAU TRAITÉ D'ARITHMÉTIQUE DÉCIMALE et du Système métrique, contenant plus de 2 000 problèmes; in - 12.

LE MÊME OUVRAGE, livre du Maître, contenant les développements théoriques et les solutions raisonnées des problèmes; in - 8°.

RÉPONSES AUX QUESTIONS ET PROBLÈMES DU TRAITÉ D'ARITHMÉTIQUE; in-12

RECUEIL DE PROBLÈMES, contenant environ 6 000 questions à résoudre sur l'Agriculture, le Commerce, l'Industrie; in - 12.

LE MÊME OUVRAGE, livre du Maître; in - 8°.

Tours. — Impr. Mame.